教育部人文社会科学研究青年基金项目（12YJC790181）资助

基于压力视角的食品安全治理研究

王常伟　著

上海财经大学出版社

图书在版编目(CIP)数据

基于压力视角的食品安全治理研究/王常伟著.—上海:上海财经大学出版社,2016.7
ISBN 978-7-5642-2480-6/F・2480

Ⅰ.①基…　Ⅱ.①王…　Ⅲ.①食品安全-安全管理-研究-中国
Ⅳ.①TS201.6

中国版本图书馆 CIP 数据核字(2016)第 137197 号

□ 责任编辑　李宇彤
□ 封面设计　杨雪婷

JIYU YALI SHIJIAO DE SHIPIN ANQUAN ZHILI YANJIU

基于压力视角的食品安全治理研究

王常伟　著

上海财经大学出版社出版发行
(上海市武东路 321 号乙　邮编 200434)
网　　址:http://www.sufep.com
电子邮箱:webmaster @ sufep.com
全国新华书店经销
上海华业装潢印刷厂印刷装订
2016 年 7 月第 1 版　2016 年 7 月第 1 次印刷

710mm×1000mm　1/16　10.5 印张　194 千字
定价:29.00 元

前　言

　　民以食为天，食以安为先，食品安全不仅会影响食品产业的良性发展，更是关乎人的生命健康。然而，长期以来中国对食品安全的重视并不充分，食品产业粗放发展下的安全风险也逐步显现，特别是进入 21 世纪后，食品安全问题事件更是层出不穷，引发了中国各界对食品安全议题的广泛关注，食品安全因之成为国人的重要谈资，国人甚至有了何以能吃的感叹。社会对食品安全议题的关注可以从各类调查中得以反映，以《小康》杂志联合清华大学媒介调查实验室的调查为例，在"最受关注的十大焦点问题"中，"食品安全"连续多年高居榜首。

　　以当前的视角回溯二十年前，中国的食品安全监管是何等的薄弱，法律缺乏、标准混乱、惩治乏力，只要不出现显性的安全事件，从业者几乎受不到实质性约束，许多存在食品安全风险的做法似乎成为常态。在此条件下，食品安全领域的巨大黑箱一旦被揭开，便表现出食品安全问题事件的频繁出现，民众的不满不但指向了不法的企业，更指向了监管不力的政府。食品安全的治理由此纳入政府行政的中心范畴，中国的食品安全监管体系也进入了快速的变革期。2004 年《国务院关于进一步加强食品安全工作的决定》的出台，明确了食品安全分段监管的基本框架；2009 年《食品安全法》的颁布，使食品安全的治理有法可依；2010 年国务院食品安全委员会的组建，进一步彰显了国家对食品安全议题的重视；2013 年国家食品药品监督管理总局的成立，确立了统一监管的食品安全治理模式；2015 年《食品安全法》的修订，体现了食品安全社会共治的治理理念。应该说，经过一系列的食品安全治理改革，中国的食品安全保障水平有了很大的提升，并获得了消费者的认可。

　　成绩不可否认，但问题依然存在。我国食品安全事件仍然时有发生，合格率有待进一步提升，食品安全的治理远非完善。监管力量加强了，但并未实现有效治理的全覆盖，各类主体，特别是小规模主体仍然缺乏必要的约束，我国当前食品加工企业 40 多万家，餐饮企业上百万家，而农产品生产更是依靠 2 亿多农户，细碎化的产业结构给我国食品安全的治理带来了较大挑战；恶性事件少了，但不法行为仍然存在,2015 年食品药品监管部门共查处食品案件 241 834 件,查处保健食品案件 5 992件,可见食品安全违法行为依然突出;食品安全合格率有了较大提升,但仍未达到期望水平。因此,在看到我国食品安全治理成绩的同时,也应正视我国食品安全治理存在的问题。

食品安全治理的完善没有终点,特别是随着食品产业链的延长,全程治理便显得尤为重要。在产品质量管理理论中,存在"90%法则",即虽然每个环节的合格率达到 90%,经过五个环节后,合格率也会下降到 60%以下,而这对于食品安全的保障来说同样适用,并且,由于食品涉及人的生命健康,1%的不合格也是不能容忍的,因此,每个环节都应力保不出现任何问题。然而,由于中国食品产业体量巨大、业态复杂,要实现全面监管、全程监管,对监管资源与能力都提出了较高的要求。为因应这一监管困境,进一步提高我国食品安全治理水平,除需要技术方面的支撑外,还可以在两方面予以着力:一是充分调动社会资源,构建食品安全的社会共治体系;二是充分发挥企业食品安全保障的主体作用,并完善产业链上治理压力的传导机制,以产业链上的压力对冲企业违规的动力。而要激活食品产业链上的压力传导机制,使企业有积极性上溯安全保障压力,要么依靠政府监管惩罚,要么依靠市场收益激励,要么依靠社会道德约束,或者三者的协同。从长期来看,道德水平的提升、诚信文化的建设是食品安全水平提升的根本,但社会诚信体系的完善是一个相对较长的过程,基于我国发展的现实,应在完善诚信体系的同时,协同政府监管与市场激励的作用,通过政府监管与市场激励对食品企业产生规范生产与经营的压力,并实现保障食品安全压力的产业链有效传导。

本书正是基于我国食品安全现状与治理诉求,从压力构建视角对食品安全治理进行研究,即从市场对企业决策的影响、社会资源的调动以及供应链压力传导层面,分析食品安全治理压力机制的形成与传导机理。全书共分为 11 章,其中,第 1 章为第一部分,主要对研究的背景、意义等进行基本的介绍;第 2、3、4 章为第二部分,主要对我国食品安全及食品安全的保障现实进行分析;第 5 章为三部分,主要基于经济学理论分析了食品安全治理度的选择;第 6、7、8 章为第四部分,分别分析了信息不对称条件下市场信念对食品安全的影响、治理资源约束条件下异质主体间压力传导对食品安全治理的影响,以及食品供应链间压力传导对食品安全治理的影响;第 9 章与第 10 章为第五部分,主要通过实证分析,检验了消费者的政策偏好,并对当前社会较为关注的转基因食品问题进行了一定的分析;第 11 章为第六部分,主要为研究总结,并进一步提出了食品安全治理的建议。当然,由于作者能力有限,本书在研究内容或深度方面还存在很多不足或错误,恳请读者赐教并希望在今后的研究中加以修正。

　　本书的完成,首先要感谢教育部人文社会科学研究青年基金项目"信息不对称条件下基于压力传导机制的我国食品安全监管优化研究"(12YJC790181)及国家自然科学基金重点项目(71333010)的资助,并且,感谢上海财经大学财经研究所领导与同事的支持,感谢恩师上海交通大学安泰经济与管理学院顾海英教授无微不至的关怀,感谢江苏信息职业技术学院陆国平书记、席海涛院长的关心与帮助,感谢在研究过程中给予支持的师长、同学、朋友与家人。

王常伟

2016 年 5 月 8 日于上海财经大学

目　录

前言/1

第1章　绪论/1

一、研究背景/1

二、研究分布与研究现状/2

三、研究意义/8

四、研究思路与方法/9

五、研究内容/10

第2章　我国食品安全现状分析/14

一、全国层面食品安全状况/14

二、区域食品安全状况个案:以上海为例/23

三、本章小结/29

第3章　相关主体食品安全认知与压力感知/30

一、消费者/30

二、农户/34

三、商户/36

四、食品(农产品)企业/38

五、本章小结/40

第4章　我国食品安全保障体系的沿革、现实与趋向/41

一、引言/41

二、我国食品安全保障体系的历史沿革与演进动力/42

三、我国食品安全监管保障体系现状与困境/48

四、十八届三中全会食品安全治理趋向/53

五、本章小结/58

第5章　基于社会福利函数的食品安全规制水平选择分析/59

一、引言/59

二、基于功利主义社会福利函数形式的分析/60

三、伦理、社会福利与食品安全目标水平/63

四、食品安全目标水平的选择与福利优化/65

五、本章小结/68

第6章　市场信念、行业波及与企业食品安全决策/70

一、引言/70

二、研究回顾/71

三、败德还是改善：一个双寡头竞争模型的分析/74

四、国内外食品企业自律性差异：一个基础信念影响的延伸讨论/82

五、消费者信念认知的简单实证/84

六、本章小结/86

第7章　压力传导、资源配置与食品供应链的安全治理/89

一、引言/89

二、我国食品供应链特点与安全风险/90

三、压力传导机制与最优监管模式/91

四、实证考察/96

五、本章小结/99

第8章　基于压力传导的食品安全社会共治优化分析/101

一、引言/101

二、食品安全问题产生的原因分析/102

三、食品安全社会共治主体资源分布及共治机理/103

四、各主体参与共治作用机制及存在的问题/105

五、以压力传导整合共治资源/108

六、本章小结/111

第9章　市场认同与食品安全治理政策的选择/113

一、引言/113

二、分析框架与研究方法/116

三、数据来源与样本描述/118

四、实证分析/120

五、对政策选择的进一步思考/123

六、本章小结/126

第10章　转基因食品信息供给政策对消费者福利的影响分析/127

一、引言/127

二、理论基础与假定/128

三、实验说明与数据描述/129

四、政策效果的度量/131

五、本章小结/134

第11章　研究结论与建议/135

一、研究结论/135

二、政策建议/138

参考文献/145

第1章

绪　论

一、研究背景

近年来,食品安全问题已成为我国民众的重大关注问题,究其原因,主要可以归结为以下四点:一是国内食品安全问题事件的频繁发生,一次次冲击着人们业已敏感的神经,使食品安全问题或具体事件成为人们的重要谈资,并引发了国人何以能吃的感慨;二是在温饱问题得以解决的条件下,随着社会的进一步发展以及国民收入水平的上升,消费者对生活品质更为精细化的追求,使之以更加专业甚至严苛的标准看待食品消费;三是环境污染、技术发展对食品安全的影响逐步显现,增加了食物的风险点,如重金属问题、转基因问题等,已越来越受到人们的关注;四是网络等新媒体的快速发展,使食品安全问题信息快速传播,在某种程度上对消费者的认知与态度造成放大效应。但总体来看,社会对食品安全问题的担忧、不满以及强烈诉求,根本的原因还是在于对我国食品安全水平的不满。

食品安全问题事件的频繁发生以及消费者的不满,引起了我国政府对食品安全问题的高度关注,并采取了一系列的治理措施,如在法律标准层面,于2009年出台了《食品安全法》,并于2015年对之进行了修订,整顿与扩充了食品安全相关标准;在监管体系方面,不断探索与优化食品安全监管组织体系,由分段监管向统一监管过渡;在具体治理方略层面,引入可追溯体系,建立食品安全风险评估体系,并加大抽检力度;等等。一系列的治理变革应该说起到了积极的成效。但我国食品监管保障体系远非完善,食品安全的治理能力与成效仍有待改进,最直接的体现便是食品安全问题事件仍然时有发生,食品安全的合格率有待进一步提升。

总体来看,尽管我国食品安全保障能力趋于加强,食品安全态势总体向好,但由于受我国社会发展阶段特征、食品产业特点等因素的约束,我国食品安全的治理仍然面临较大挑战,一系列的调查显示,消费者对食品安全现状并不满意,提升食品安全保障水平仍然是我国面临的重要公共安全议题之一。当前,我国社会诚信意识、契约精神还比较薄弱,加之我国食品产业庞大复杂,信息不对称问题突出,食品安全的治理与保障存在较大的挑战,为了保障食品安全、回应消费者诉求,政府不断加大对食品安全治理的资源投入,并通过修订法律增加对违规生产经营主体的惩治力度,但食品安全问题事件仍层出不穷,在一定程度上出现了政府治理疲惫与食品安全治理绩效难以提升的困境。在治理资源有限,尚未形成食品质量安全水平可置信分离机制的条件下,为了进一步提升食品安全治理绩效,迫切需要调动与整合可用治理资源,并进一步完善食品安全治理方略。

二、研究分布与研究现状

(一)研究的分布

对食品安全议题的关注也引发了学者对食品安全的研究。为了了解食品安全的研究状况,在此,基于 SCIE、SSCI、A&HCI 以及 Current Chemical Reactions 和 Index Chemicus 收录期刊数据库,以"food safety"为主题进行了检索,检索时间结点为 2015 年 11 月,其中期刊文章共 21 780 篇。另外,为了进一步了解社科领域对食品安全议题的研究分布,又在 21 780 篇文章中精练了社科类文章共 1 431 篇。通过对文章分布的分析可以简要获知食品安全研究的态势。

从研究方向来看,在总体文献中,自然科学领域的研究占了绝大部分比重,其中收录文章数量居前三的研究方向分别为"食品科技"、"化学"和"生物技术",占了总文献的一半以上。而归属社科类的研究不足总文献总量的 10%,在食品安全的社科类研究中,基于经济学、农业、营养学方向的食品安全研究较多,从政府法律以及公共管理视角对食品安全的研究也占有一定的比重(见表 1-1)。

表 1-1　　　　　　　　　　食品安全研究方向

序号	总体文献			社科文献		
	研究方向	记录数	占比	研究方向	记录数	占比
1	食品科技	7 542	34.63%	经济学	705	49.27%
2	化学	2 532	11.63%	农业	473	33.05%
3	生物技术	2 129	9.78%	营养学	303	21.17%
4	农学	2 045	9.39%	食品科技	211	14.75%
5	药学	1 799	8.26%	政府法律	167	11.67%
6	微生物学	1 682	7.72%	其他社会科学	160	11.18%
7	毒理学	1 626	7.47%	行为科学	130	9.09%
8	营养学	1 329	6.10%	公共管理	130	9.09%
9	生态环境科学	1 178	5.41%	教育学	117	8.18%
10	兽医学	1 048	4.81%	历史哲学	102	7.13%

从研究者的地区分布来看(见表1－2),在总体文献中,美国、中国、英国、德国等国家学者的贡献较大,而在社科类文献中,美国、英国、加拿大等国家学者在食品安全领域的研究成果较多。从地区分布可以看出,食品安全的研究存在一定集中现象,排名前十的国家在总体文献中的贡献率为82.11%,占社科类文献的比重更是高达91.75%,特别是美国学者,占了总体文献量的35.69%,社科类文献的46.05%。从中国学者被收录的文献情况来看,在全学科食品安全议题研究中,来自中国作者的贡献率为7.76%,排名第二,但在社科类的文献中仅占4.54%,排名下降到第七,说明中国在食品安全社科领域的研究方面还比较薄弱。

表1－2　　　　　　　　　　不同国家收录文献排名

序号	总体文献			社科文献		
	国家	记录数	占比	国家	记录数	占比
1	美国	7 773	35.69%	美国	659	46.05%
2	中国	1 689	7.76%	英国	133	9.29%
3	英国	1 407	6.46%	加拿大	94	6.57%
4	德国	1 207	5.54%	荷兰	69	4.82%
5	意大利	1 186	5.45%	法国	66	4.61%
6	西班牙	1 057	4.85%	德国	65	4.54%
7	加拿大	1 013	4.65%	中国	65	4.54%
8	法国	967	4.44%	澳大利亚	57	3.98%
9	荷兰	851	3.91%	意大利	54	3.77%
10	日本	734	3.37%	比利时	51	3.56%

从文献的发表时间来看(见表1－3),基本呈现逐年递增的态势,收录文献从1997年的301篇上升到2014年的2 314篇,年发文量增长了近7倍,说明对食品安全领域的研究越来越重视。从社科类文献来看,增长幅度更大,从1997年的11篇上升到2014年的141篇,增长了近12倍。另外,在食品安全的社科类文献中,2012年的文献量最多,达到了151篇。

表1－3　　　　　　　　　　年度收录文献数量

总体文献			社科文献		
出版年	记录数	占比	出版年	记录数	占比
2014	2 314	10.62%	2012	151	10.55%
2013	2 180	10.01%	2014	141	9.85%
2015	2 133	9.79%	2013	133	9.29%
2012	2 028	9.31%	2011	127	8.88%
2011	1 718	7.89%	2010	117	8.18%
2010	1 661	7.63%	2009	111	7.76%

续表

总体文献			社科文献		
出版年	记录数	占比	出版年	记录数	占比
2009	1 487	6.83%	2015	106	7.41%
2008	1 308	6.01%	2008	103	7.20%
2007	1 109	5.09%	2007	74	5.17%
2006	922	4.23%	2006	71	4.96%
2005	853	3.92%	2005	55	3.84%
2004	738	3.39%	2004	48	3.35%
2003	656	3.01%	2002	47	3.28%
2002	607	2.79%	2001	41	2.87%
2001	535	2.46%	1999	32	2.24%
2000	452	2.08%	2003	32	2.24%
1999	411	1.89%	2000	19	1.33%
1998	348	1.60%	1998	12	0.84%
1997	301	1.38%	1997	11	0.77%
2016	17	0.08%			
1995	2	0.01%			

资料来源:基于上海交通大学订购 Web of Science 数据库检索整理。

从食品安全研究的主要来源期刊来看(见表 1—4),Food Control、Journal of Food Protection 以及 International Journal of Food Microbiology 食品安全议题发文量最高,占总发文量的 9.48%,而从社科类文献来源期刊来看,Food Policy、Appetite 以及 American Journal of Agricultural Economics 为发表量排名前三的期刊。

表 1—4　　　　　　　　收录文献来源刊物排名

序号	总体文献			社科文献		
	来源出版物名称	记录数	占比	来源出版物名称	记录数	占比
1	Food Control	838	3.85%	Food Policy	151	10.55%
2	Journal of Food Protection	697	3.20%	Appetite	73	5.10%
3	International Journal of Food Microbiology	529	2.43%	American Journal of Agricultural Economics	59	4.12%
4	Food and Chemical Toxicology	409	1.88%	Journal of Agricultural Environmental Ethics	43	3.01%
5	Journal of Agricultural and Food Chemistry	341	1.57%	Food and Drug Law Journal	34	2.38%
6	Journal of Food Science	253	1.16%	Journal of Nutrition Education and Behavior	34	2.38%

续表

序号	总体文献			社科文献		
	来源出版物名称	记录数	占比	来源出版物名称	记录数	占比
7	Regulatory Toxicology and Pharmacology	213	0.98%	International Journal of Consumer Studies	33	2.31%
8	British Food Journal	201	0.92%	European Review of Agricultural Economics	30	2.10%
9	Food Microbiology	201	0.92%	Agriculture and Human Values	29	2.03%
10	Journal of Food Composition and Analysis	192	0.88%	Journal of Veterinary Medical Education	29	2.03%

　　从食品安全研究机构的贡献来看(见表1－5),美国农业部、美国食品药品监督管理局在食品安全研究中占有重要地位,其发文量居第一、二位,可见,美国行政机构同时也是重要的研究机构。另外,比利时根特大学、美国哈佛大学、法国农业科学研究院在食品安全领域的研究也处于领先地位。而从食品安全的社会科学研究来看,大学的贡献相对较大,发文量排名前十的机构中,除法国农业科学研究院外均为大学,其中,七个为美国大学,如密歇根州立大学、堪萨斯州立大学、爱荷华州立大学、康奈尔大学等都是食品安全社科研究的领先机构。从中国的情况来看,中国科学院、中国农业大学在食品安全的研究领域处于领先地位,其发文量分别排在总体文献的第七和第九位,但在社科类的研究中,则没有中国机构进入发文量的前十。

表1－5　　　　　　　　　　研究机构被收录文献情况

序号	总体文献			社科文献		
	机　构	记录数	占　比	机　构	记录数	占　比
1	美国农业部	468	2.15%	密歇根州立大学	52	3.63%
2	美国食品药品监督管理局	454	2.08%	法国农业科学研究院	31	2.17%
3	比利时根特大学	231	1.06%	堪萨斯州立大学	31	2.17%
4	美国哈佛大学	221	1.01%	爱荷华州立大学	30	2.10%
5	法国农业科学研究院	191	0.88%	康奈尔大学	24	1.68%
6	加州大学戴维斯分校	183	0.84%	俄亥俄州立大学	24	1.68%
7	中国科学院	173	0.79%	普渡大学	24	1.68%
8	俄亥俄州立大学	162	0.74%	荷兰瓦格宁根大学	22	1.54%
9	中国农业大学	151	0.69%	圭尔夫大学	21	1.47%
10	密歇根州立大学	149	0.68%	华盛顿州立大学	20	1.40%

（二）研究现状

随着民众对食品安全问题的关注，对食品安全议题的研究文献也非常丰富，在此仅对食品安全的经济学及行政治理等领域的研究现状进行简要综述。

Grunert（2005）指出，关于食品质量与安全的研究，主要存在三个方面：一是关于食品质量与安全的需求研究，主要表现为对市场支付意愿的测度；二是食品安全的供给研究，主要从供给端分析食品安全的保障，如不同供应链阶段的食品安全控制、食品安全的可追溯体系以及食品安全供应链合作等；三是消费者对食品安全的感知，主要研究消费者对食品安全的感知以及这种感知对消费者决策的影响等，因为消费者的偏好不仅仅反映在食品安全的需求层面。Starbird（2005）总结认为，近年来食品安全的经济学研究主要基于四个相互关联的领域展开，即消费者关于食品安全的认知与行为、食品安全问题（危机）对市场的影响、食品规制影响的评估、生产者关于食品安全的行为与战略。综合来看，关于食品安全问题的文献主要涉及消费者层面的研究、生产经营者层面的研究以及宏观治理层面的研究等领域。

对食品安全问题进行研究，首先要明确食品安全问题的表现，即对食品安全问题的研究标的进行界定。有些学者从经济学视角分析了食品安全问题产生的原因，如认为信息不对称使生产经营主体有了隐藏空间，从而造成市场失灵，是导致食品安全问题产生的主要原因（Antle，2001；Ortega et al.，2011）。而从食品安全研究的主要问题对象来看，有些学者关注技术带来的食品安全风险，如转基因问题（Costa-Font et al.，2008；Yeung and Morris，2001；Burton et al.，2001）、放射技术引致的食品安全问题（Hayes and Shogren，2002；Bruhn，1998）等，有些学者对环境带来的食品安全风险进行了分析，如农药残留（Handford and Elliott，2015）、有机食品（Michaelidou and Hassan，2008）等。总体来看，食品安全问题的产生存在多层次的原因，表现出不同的类型，引致了学者对食品安全议题的广泛分析。

"民以食为天"，消费者对食品安全问题的认知与诉求是食品安全问题社会化与经济化的主要构成，关于消费者对食品安全问题的认知、支付意愿等方面的研究占了食品安全经济学研究的很大部分比重。有些学者从食品安全对市场整体需求的影响视角进行了分析（Piggott and Marsh，2004），如 Henson 和 Traill（1993）从经济学视角分析了消费者对食品安全的需求机理，Bakhtavoryan 等（2014）分析了食品安全事件对企业品牌的影响等。有些学者对消费者食品安全的认知与支付意愿进行了实证研究，如 Tranter 等（2009）调查分析了英国、葡萄牙、丹麦、意大利、爱尔兰等欧盟国家消费者对有机食品的态度与支付意愿，Loureiro 和 Umberger（2007）采用选择实验方法实证分析了美国消费者对不同原产国标识牛肉的支付意愿；Smith 和 Riethmuller（2000）调查了日本和澳大利亚消费者关于食品安全的认知情况。消费者不同的异质特征对其食品安全认知与偏好的影响也是学者们研究的内容之一(Nayga,1996),如 Yue 等(2015)考察了美国消费者的异质特征对其转基因食品及利用纳米技术所生产食品的偏好,还有些学者分析了消费者的教育水平(Lusk et al.,2004)、性别(Roitner-Schobesberger,2008)等因素对其食品安全支付意愿的影响。另外,近年来,越来越多的学者关注到外部因素对消费者食品安全认知的影响(Piggot and Marsh,2004),如 Ortega(2014)通过实证研究发现,媒体头条对消费者食品安全支付意愿存在显著影响。

从生产者层面对食品安全的研究来看,主要集中在生产者对食品安全的决策层面(Coslovsky,2014;Escanciano and Santos-Vijande,2014),有些学者分析了规模(Okello and Swinto,2007)等企业特征对其食品安全标准或是规范的采纳影响,有些学者分析了市场行为对食品安全决策的影响,如 Kirezieva 等(2014)通过对欧盟及其他国家 118 家农产品生产企业的调查研究表明,出口的企业更加注重高食品安全标准的采纳;Fernando 等(2014)对马来西亚食品企业的调研表明,回应消费者对食品安全问题的关注,获取消费者的信任也是食品企业采用食品安全管理体系的重要原因,Codron 等(2014)以摩洛哥及土耳其土豆生产者为研究对象,分析了食品安全制度因素及市场驱动因素对生产者采用良好生产方式的影响,结果发现市场驱动因素的影响更为明显。

一系列的食品安全事件引发了全球对食品安全问题的广泛关注,也促使了食品安全的治理改革。从政府介入的强度进行区分,食品安全治理又可以分为私人治理、合作治理和政府强制规制。Fagotto(2014)论述了食品安全治理过程中的私人角色,认为私有标准作为食品安全治理的一部分,对于保障食品安全意义重大。Vandemoortele 和 Deconinck(2014)从理论上分析了私人标准比国家标准更严格的原因。Martinez 等(2007)论述了私人与政府合作治理食品安全的框架。另外,学者们还对具体的食品安全治理政策进行了广泛的分析,如法律的影响(Echols,1998;Drew and Clydesdale,2015)、召回政策(Roberts,2004)、标识政策(Koutsoumanis and Gougouli,2015)、转基因政策(Sundström and Devlin,2016)、食品安全认证(Tran et al.,2013)等。Boys 等(2015)分析了美国《食品安全现代化法案》对小农场主的影响,Richards 和 William(2014)分析了食品召回对福利的影响,有些学者认为应对转基因食品进行强制标识政策(Teisl et al.,2003)。可追溯也是近年来食品安全治理研究的重点领域(Dickinson and Bailey,2002;Kher et al.,2010),如 Aung 和 Chang(2014)认为,可追溯体系被认为是保障食品安全的有效手段,对于提高消费者信任有着较好的作用。

从国内的研究来看,食品安全问题近年来亦成为国内学者关注的重点,我国学者在食品安全问题产生的原因(龚强等,2013、2015)、消费者对食品安全的认知与支付(周洁红,2005;周应恒等,2004;张彩萍等,2014)、食品生产者的安全问题决策(王志刚、李腾飞,2012;吴林海等,2014;王常伟、顾海英,2014;刘呈庆,2009)以及相关食品安全治理(吴元元,2012;王虎,2009)方面进行了广泛的研究。除此之外,国内学者还针对我国特殊的现实,分析了我国食品安全治理的演变与对策,如颜海娜、聂勇浩(2009)对我国食品安全监管制度的演变进行了分析,李静(2009)对我国食品安全监管改革进行了分析。

总体来看,国内外对食品安全问题日益关注,为回应现实需求,关于食品安全的研究也越来越多,尽管自然科学类的文献占了绝大部分比重,但从经济学、法律、行政管理等视角对食品安全的分析也已成为相关学科研究的重点。学者们对食品安全的产生机理、市场需求以及相应治理策略展开了广泛的讨论,推进了食品安全治理效能。但总体来看,将行政监管及市场压力纳入统一框架对食品安全治理进行研究的文献还不多,特别是在我国,研究的关注点更多地停留在提高政府监管绩效层面,因此,进一步从经济学视角对我国食品安全治理进行研究的需求依然迫切,而将外部治理手段综合为压力,对最终行为主体进行约束的食品安全治理方略还存在很大的研究空间。

三、研究意义

(一)理论意义

食品安全问题已成为全球关注的焦点,在我国,食品安全治理也引起了经济学、公共管理等领域学者的广泛讨论,有些学者从总体层面分析了治理体系的绩效,如分段监管与统一监管,有些学者对具体治理策略进行了研究,如信息公开、责任追究、网格化监管等。本研究在借鉴前人研究的基础上,对我国食品安全的现状及共治体系进行了研究,理论意义主要体现在三个方面:首先,食品安全的治理,本质在于弱化信息不对称条件,约束行为主体的行为,而无论是何种治理方式,都可以归结为规范的压力与主体效用最大化违规诱力之间的对冲,因此,将市场、行政等不同层面的食品安全治理,统一纳入压力约束对违规行为的回应,在研究视角上存在一定的理论意义;其次,对压力约束下的多资源参与治理机制进行了分析,已往的研究往往关注于食品安全治理的单一主体,或更多地关注政府对生产经营主体的约束,本研究中,一方面将食品生产经营者视为重要的治理资源,并将对政府等其他主体的行为约束统一纳入治理范围,基于压力约束分析了各类资源在食品安全治理中的相互整合机理;另一方面,从市场层面,将信息不对称条件下市场信念以及行业波及视为市场压力因素,分析了其对行为主体决策行为的影响,具有一定的理论意义;最后,研究通过广泛的实证调研,分析了我国食品安全相关主体的压力感知、政策偏好,对于更好地理解我国食品安全的现实,进而完善治理体系,提供了一定的理论支撑。

(二)现实意义

近年来,频繁发生的食品安全问题事件导致了国人对监管效能的极大不满,在此背景下,政府对治理体系进行了一系列的改革,应该说取得了积极的效果,但通过对我国食品安全现状的分析可知,我国食品安全水平仍需进一步提升,治理体系仍未完善,保障舌尖上的安全仍是我国公共安全领域面临的重要议题。我国食品安全问题事件的频繁发生,既与我国社会发展阶段、产业结构现实相关,也与我国治理体系相关,一方面,我国食品产业人为性主动违规较为严重,另一方面,传统政府单极的治理模式受到有限资源的约束,在此条件下,违规主体有了隐藏空间,治理不能有效干预违规的预期收益,从而使违规成为一种常态,食品市场出现混同。从这一层面来看,提升我国食品安全水平,关键在于充分调动不同治理资源,发挥市场与政府的协同作用,真正实现食品安全的社会共治,弱化信息不对称条件,干预生产经营主体的违规收益预期。然而,如何发挥市场的作用,如何调动各主体资源,如何干预生产经营主体的收益预期,对这些问题的回答便引发了对食品安全治理的进一步研究。本研究认为,通过建立主体间的压力机制,放大市场对生产经营主体的影响,是压缩食品生产经营主体违规隐藏空间、破解我国食品安全治理资源约束、提高治理绩效的有效路径。

四、研究思路与方法

研究首先分析了我国食品安全的现状、相关主体压力感知状况以及我国食品安全保障体系状况,提出了改善食品安全治理的需求;其次,基于社会福利函数从理论上分析了食品安全规制水平的选择,为食品安全的治理提供"度"的依据;第三,基于信息不对称条件,从市场视角分析了消费者信念以及行业波及效应对食品企业生产决策的影响;第四,分别论述了优化压力传导在不同治理主体之间及食品供应链之间的治理绩效;第五,在以上分析的基础上,研究基于选择实验,从消费者视角检验了可追溯、HACCP以及加强检验等政策的市场认同,并利用拍卖实验数据分析了信息供给的福利效应;第六,对研究进行了总结并提出政策建议。本研究的基本框架见图1—1。

从研究的方法来看,本研究主要采用理论分析与实证分析、定性分析与定量分析相结合的方法。研究主要基于福利经济学、产业组织理论、供应链管理等理论,采用了统计调查、选择实验等方法,对信息不对称条件下压力传导的食品安全治理

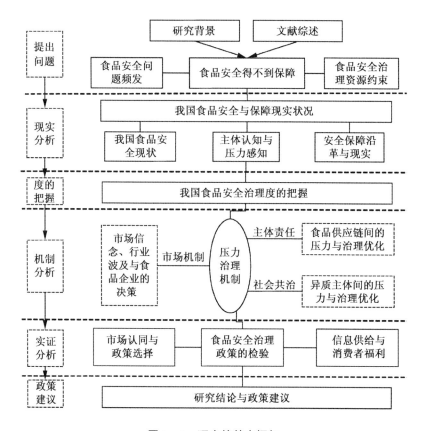

图 1—1 研究的基本框架

机制、政策选择等进行了研究。

五、研究内容

本研究共分为 11 章；其中，第 1 章绪论为第一部分，主要对研究的背景、意义等进行基本的介绍；第 2、3、4 章为第二部分，主要对我国食品安全及食品安全的保障现实进行分析；第 5 章为第三部分，主要基于经济学理论分析了食品安全治理度的选择；第 6、7、8 章为第四部分，分别分析了信息不对称以及资源约束条件下市场信念对食品安全的影响、异质主体间压力传导对食品安全治理的影响、食品供应链间压力传导对食品安全治理的影响；第 9 章与第 10 章为第五部分，主要通过实证分析检验了消费者的政策偏好；第 11 章为第六部分，主要为研究总结，并进一步提出了食品安全治理的建议。各章简要内容如下：

第 1 章 绪论。本章主要介绍了研究的背景、意义、主要思路与方法，并基于对国内外相关文献的梳理，对食品安全的研究现状进行了简要分析。

第2章 我国食品安全现状分析。对食品安全问题的研究,首先要了解我国食品安全的现实。本章主要采用政府监测数据,对近年来我国食品安全的合格率变化进行描述,对我国食品安全问题的主要类型以及原因进行分析。本章研究表明,近年来我国食品安全形势趋好,但合格率仍有待进一步提升,特别是人为性食品安全问题仍是我国食品安全问题的重要构成。

第3章 相关主体食品安全认知与压力感知。基于本研究的主题,食品安全的治理可从压力视角进行思考,而了解压力源及主体的压力感知便是提出压力治理的前提。本章主要通过相关调查数据,分析了消费者、生产者对食品安全问题的认知,并重点分析了生产者的压力感知状况。研究表明,我国食品安全主体对食品安全的认知普遍不充分,尽管消费者对食品安全存在较强的诉求,但最终食品生产经营主体感知到的改善压力并不强,这也在一定程度上说明,基于压力传导的食品安全治理存在较大的空间。

第4章 我国食品安全保障体系的沿革、现实与趋向。本章主要分析了我国食品安全保障的基本现实。对制度变迁的回顾有助于更好地理解制度的现实。新中国成立至今,我国食品安全保障体系共经历了五个阶段,21世纪前的制度变迁主要源自对社会、经济主体制度的适应性从属变革,而之后的变迁则属于外部危机压力下的主动调整。我国目前虽然基本形成多层次的食品安全保障体系,但在外部环境、监管能力、监管对象、消费主体等方面依然存在诸多治理困境。通过对新近治理体系改革的分析可以看出,集中监管、多方共治将是未来我国食品安全保障体系改革的重要趋向。

第5章 基于社会福利函数的食品安全规制水平选择分析。食品安全的治理,首先要对保障目标水平有一定的认知。食品安全治理的目的在于提高社会成员的福利水平。本章基于社会福利提升诉求,分别从功利主义、精英者以及罗尔斯社会福利函数形式视角,对食品安全目标水平需求进行了讨论。研究认为,食品安全最优目标水平的选择,不但要考虑消费者的效用诉求、伦理约束,还要考虑消费者的健康权以及消费者食品安全认知的局限性,基于此,在对低收入者转移支付的政策选择下,本研究主张的食品安全目标水平将位于功利主义社会福利函数形式下的目标水平与精英者社会福利函数形式下的目标水平之间。

第6章 市场信念、行业波及与企业食品安全决策。本章基于食品市场上信息不对称的前提条件,在Daughety-Reinganum模型的基础上,分析了策略竞争环境下市场信念修正与行业波及对食品企业质量安全决策的影响,并在一定程度上解释了目前中国食品企业存在"集体背德倾向"现象的原因。本章研究认为,市场对发生质量安全问题企业食品安全状况信念调整得不充分,加之问题企业对行业的波及,影响了企业提升食品安全水平的积极性。而从长期来看,消费者对问题企业信念的快速恢复也阻碍了食品质量安全的改善。另外,本章还从基础信念视角解释了国内外食品企业自律性差异的原因。通过本章分析表明,要实现市场对企业改善食品质量安全水平的压力,一要减少信息不对称,二要完善企业质量安全的分离机制,三要提高消费者对国内食品安全的信念。

第7章 压力传导、资源配置与食品供应链的安全治理。食品供应链的复杂性,在一定程度上影响了我国食品安全风险,也导致了我国食品安全监管资源的相对紧缺,为了在有限的监管资源条件下提高监管绩效,必然要求提高监管资源的配置效率。本章通过模拟供应链上不同监管资源配置模式对监管资源的配置绩效进行了考察。研究表明,监管资源的配置方式对监管绩效存在影响,而由于资源的有限性仅靠政府监管资源将难以较好管控食品安全风险,只有提高供应链上的安全治理压力传导效力,并完善监管资源配置,特别是注重终端责任机制的建立,才能有效提升食品安全治理效能。

第8章 基于压力传导的食品安全社会共治优化分析。食品安全问题的产生,本质在于生产经营主体对利益的诉求,而基本的条件源自信息的不对称,由于监管资源的有限性,仅靠政府部门的单极治理难以实现对食品安全问题的有效遏制,社会共治已成为当前我国食品安全治理的主导理念。但由于共治主体参与动力机制不足、各主体资源整合机制缺失等原因,目前我国食品安全社会共治的绩效并未完全发挥。应进一步完善主体间的压力机制,通过建立不同主体间的监督与压力传导机制、食品供应链上的压力传导机制,激活社会共治资源参与食品安全共治的积极性与效能,从而压缩食品生产经营主体违规隐藏空间、干预食品生产经营主体预期收益,以达到改善食品生产经营主体行为、提升食品安全治理绩效的目标。

第9章 市场认同与食品安全治理政策的选择。市场对食品安全属性及改善措施的认同、消费者的溢价支付,是促使生产经营主体采取相关措施、提升食品安全水平的基础,也可以为分析食品安全治理成本提供参考。本章引入选择实验,以消费者支付意愿为测度依据,采用条件 logit 模型和混合 logit 模型考察了市场对经营者培训、监管力度、可追溯体系及 HACCP 认证等政策措施的认同与偏好。研究表明,市场对经营者培训、可追溯体系与 HACCP 认证均具有显著的支付意愿,其中,对 HACCP 认证的支付溢价最高,监管力度与其他政策之间存在显著正效应,而可追溯体系与 HACCP 认证之间存在替代效应,研究结论为政策的选择提供了一定的依据。

第10章 转基因食品信息供给政策对消费者福利的影响分析。尽管还没有科学证据表明转基因食品存在安全问题,但消费者对转基因食品安全性的自我认知却是其产品选择的重要考量。本章主要以转基因苹果为研究标的,通过对相应条件下拍卖数据的分析,考察了信息供给对消费者的福利影响。研究表明,信息宣传教育与强制标识都可以提高消费者福利水平,但信息宣传政策的效果更明显,当两种政策同时实施时对消费者的福利改善最有利。

第11章 研究结论与建议。本章对研究进行了一定的总结,并在此基础上进一步提出了政策建议。总体来看,我国食品安全治理水平有待进一步提高,通过改善市场环境、建立主体间的压力传导机制,可以有效提升信息不对称条件下的食品安全治理绩效。

第 2 章

我国食品安全现状分析

近年来,我国民众对食品安全问题的关注,很大程度上源于对我国食品安全现状的不满,或者更直接的是对食品安全问题事件的自然反应。在国家以粮为纲,追求食物供给安全,企业以利为上,追求利润最大化的发展逻辑诱导下,加之化学技术的进步以及相应治理的缺失,食品生产经营过程中的不规范以及外源物质的广泛引入,对我国食品安全构成了严峻的威胁,食品安全问题事件层出不穷,不但对人们的健康造成重大危害,也影响了产业的可持续发展以及民众对政府的满意度,引发了对食品安全治理的诉求。对我国食品安全状况的了解与分析,是食品安全治理的基础。本章将通过对全国层面的食品安全监测数据分析以及对上海市食品安全情况个案分析,对我国食品安全的态势作基本判断。

一、全国层面食品安全状况

(一)农产品质量安全

农产品一方面因可直接进入消费环节而成为食品的最主要构成,另一方面也是食品工业的最主要原料,因此,农产品的质量安全状况也就成为我国食品安全态势的重要组成。新中国成立以来的很长一段时期,为了解决温饱问题,农产品的产量保障一直是我国农业发展追求的主要目标,在制度、技术等因素的推动下,我国农产品产量有了快速持续的增长,从总体层面基本上满足了我国民众的需求。随着温饱问题的解决,农产品质量安全问题逐渐进入了人们的视野,目前来看,经过一系列的治理举措,我国农产品质量安全有了一定的保障。

1. 合格率

随着我国对农产品质量安全问题的重视及监管加强,近年来我国农产品质量安全总体可控。从国家农业部例行监测合格率情况可以看出(见图 2—1),2008~2014 年间,我国蔬菜、畜产品及水产品均保持了较高的合格率。其中,畜产品合格率自 2009 年以来均在 99% 以上,蔬菜的合格率自 2008 年以来保持在 96% 以上,水产品的合格率有所波动,从 2008 年的 94.7% 上升到 2009 年的 97.2%,之后又有所降低。① 从 2014 年的农产品质量安全情况来看,2014 年农业部组织开展了 4 次农产品质量安全例行监测,共监测全国 31 个省(区、市)151 个大中城市 5 大类产品 117 个品种 94 项指标,抽检样品 43 924 个,总体合格率为 96.9%。其中,蔬菜、畜产品和水产品监测合格率分别为 96.3%、99.2% 和 93.6%,水果、茶叶合格率分别为 96.8% 和 94.8%,农产品质量安全水平保持稳定。

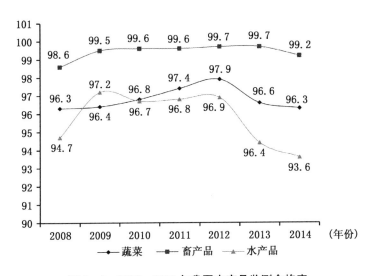

图 2-1   2008~2014 年我国农产品监测合格率

　　从专项抽查的情况来看,2013 年 10 月至 12 月,农业部组织相关农产品质检机构对蔬菜、果品、茶叶等食用农产品进行了一次农产品质量安全国家专项监督抽查。抽查对象涉及全国 26 个省(自治区、直辖市)的 571 个生产养殖基地、储藏保鲜库、生鲜乳收购站和运输车,共抽取蔬菜、果品、茶叶、食用菌、禽蛋、生鲜乳、水产品等食用农产品样品 733 个。抽查对象以规模化生产经营单位及"三品一标"获证企业为主,抽查环节集中在生产、收购、储藏保鲜和运输环节,抽检参数重点是农药残留和兽药残留(包括非法添加和禁用用),同时对生产经营单位农产品包装标识和生产经营档案记录进行了检查。② 抽检结果显示,在 733 个样本中,合格样品 724 个,不合格样品 9 个,总体合格率为 98.8%(见图 2-2)。

　　另外,农业部信息显示,2015 年上半年共抽取 6 201 批畜禽产品样品,对畜禽及畜禽产品兽药残留进行了监控检测,样品来源覆盖除西藏以外的 30 个省、自治

① 2009 年起,我国农产品的监测参数与范围都有了较大幅度的扩大。
② 资料来源:农业部办公厅关于 2013 年农产品质量安全国家专项监督抽查结果的通报。

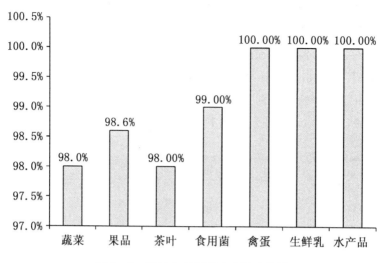

图 2—2　2013 年的国家专项抽查结果

区、直辖市,①检测的畜禽动物组织包括鸡肉、鸡肝、鸡蛋、牛肉、牛奶、羊肉、猪肉、猪肝、猪尿共 9 种,检测的药物及有害化学物质有地克珠利、地美硝唑/甲硝唑及其代谢产物、氟喹诺酮类等共计 22 种(类),检测结果显示,合格 6 196 批,合格率为99.92%。

2. 三品一标

"三品一标"即无公害农产品、绿色食品、有机食品以及农产品地理标志,是我国农产品质量安全保障的重要工程,经认证的农产品,其质量安全水平存在一定的保障,认证的数量与规模也就成为间接反映我国农产品质量安全水平的重要指标。近年来我国"三品一标"认证工作快速推进(见图 2—3),统计数据显示,截至 2014 年底,全国认证无公害农产品近 8 万个,涉及 3.3 万个申请主体;绿色食品企业总数达到 8 700 家,产品总数近 2.1 万个;农业系统认证的有机食品企业 814 家,产品超过 3 300 个;登记保护农产品地理标志产品 1 588 个。从认证农产品的抽检合格情况来看(见图 2—4),2014 年无公害农产品抽检总体合格率为 99.2%,绿色食品抽检合格率 99.5%,有机食品抽检合格率 98.4%,地理标志农产品连续 6 年重点监测农药残留及重金属污染合格率一直保持在 100%。②

从认证的主体与品种结构来看,以绿色食品认证为例,截至 2014 年上半年,全国三年有效用标企业总数达到 8 316 家,产品总数达到 20 586 个,其中,各类农产

①　资料来源:农业部办公厅关于 2015 年上半年畜禽及畜禽产品兽药残留监控计划检测结果的通报。
②　资料来源:中国农产品质量安全网。

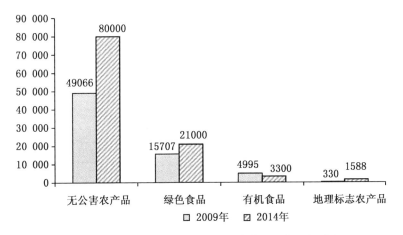

图 2—3   2009 年与 2014 年"三品一标"认证产品数对比

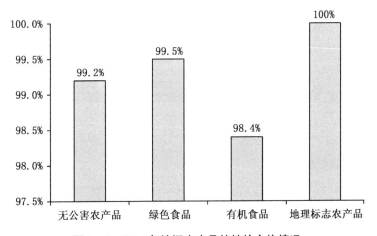

图 2—4   2014 年认证农产品的抽检合格情况

品生产及食品加工获证企业共有 6 149 家,产品 16 321 个,分别占获证单位和产品总数的 74%和 79%。全国有效用标的农民专业合作社已达 2 162 家,产品达到 4 251个,分别占获证单位和产品总数的 26%和 21%。在获证产品类别中:农林及加工产品有 15 334 个,占 74%;畜禽产品有 1 096 个,占 5%;水产品有 718 个,占 4%;饮品类产品有 1 815 个,占 9%;其他类产品有 1 823 个,占 8%。获证产品总数排名前 5 位的省份分别是山东、江苏、黑龙江、安徽、湖北,这 5 省获证产品共 2 374个,占全国的 51.1%。①

---

① 资料来源:农业部网站。

　　总体来看,近年来我国农产品质量安全治理工作不断加强(见表 2—1),农产品质量安全水平有了一定的提升,农产品合格率保持在 96% 以上。但也应注重到,目前我国农产品质量安全仍不乐观,"毒生姜"等农产品质量安全事件时有发生,非法添加、滥用药物、残留超标等问题还比较突出,农产品质量安全的治理仍需进一步推进。

表 2—1　　　　　　　　　　保障农产品质量安全的主要举措

措　施	2009 年	2014 年
加大检查力度	全年出动执法人员 283 万人次,检查生产经营单位 163 万家次,查处问题 5.4 万余起	全年共出动执法人员 417.7 万人次,检查生产经营单位 233.3 万家,整顿农资市场 26.2 万个,行政处罚 5 799 件
制定标准	以农兽药残留标准为重点,新制定农业标准 511 项,总数达到 4 400 项	规定了 387 种农药在 284 种食品中的 3 650 项最大残留限量,基本覆盖我国常用农药品种和常见农产品和食品种类
"三品一标"认证	7 万个认证产品	10.7 万个认证产品
扩大监测范围	监测产品种类从 4 类增加到 10 类,监测参数从 30 项增加到 68 项,监测范围进一步扩大	将例行监测范围扩大到 151 个大中城市、117 个品种、94 项指标,基本涵盖主要城市、产区和品种、参数
监管机构建设	大力推进省级监管机构建设,已有 20 个省厅成立了专门机构,一些省已向基层延伸	全国已有 86% 的地市、71% 的县市、97% 的乡镇建立了监管机构,落实专兼职监管人员 11.7 万人

注:根据历年《农产品质量安全报告》整理。

(二)食品安全现状

1. 生产和经营许可情况

　　我国食品生产、流通以及餐饮行业主体众多,规模庞大(见表 2—2),截至 2014 年底,全国共有食品生产许可证 161 688 张,食品添加剂生产许可证 3 323 张;共有食品生产许可证企业 127 341 家,食品添加剂企业 3 218 家。共有食品流通许可证 7 752 776 张,餐饮服务许可证 3 050 530 张。共有保健食品生产企业 2 587 家。

表 2—2　　　　　　　　2013～2014 年我国食品生产和经营许可情况

年份	食品生产许可证企业	食品添加剂企业	食品流通许可证	餐饮服务许可证	保健食品生产企业
2013	132 287	3 007	7 446 000	2 218 992	—
2014	127 341	3 218	7 752 776	3 050 530	2 587

资料来源:国家食品药品监督管理总局。

2. 食品安全合格率

　　我国食品安全合格率近年来有了较大幅度的提升,2006 年全国食品国家监督抽查合格率为 77.9%,而到了 2010 年,食品安全合格率已经达到 94.6%,2015 年上半年国家食品药品监督管理总局的抽检显示,我国食品合格率为 96.3%(见图2—5)。

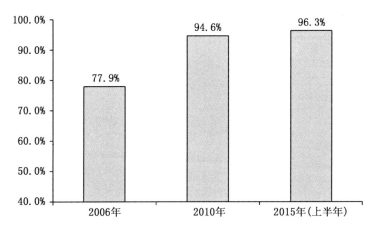

图 2—5 我国食品安全合格率变化

从具体品类食品的合格率来看,2015 年上半年,国家食品药品监督管理总局采取随机抽查的方式,在全国范围内抽检了 24 类食品样品 33 252 批次,其中检验不合格样品 1 236 批次,样品合格率为 96.3%。粮、油、肉、蛋、乳 5 类大宗日常消费品中,乳制品抽检 1 391 批次,不合格 2 批次,样品合格率为 99.9%;蛋及蛋制品抽检 409 批次,不合格 1 批次,样品合格率为 99.8%;食用油、油脂及其制品抽检 1 975 批次,不合格 34 批次,样品合格率为 98.3%;粮食及粮食制品抽检 6 680 批次,不合格 144 批次,样品合格率为 97.8%;肉及肉制品抽检 4 678 批次,不合格 148 批次,样品合格率为 96.8%。社会关注度较高的婴幼儿配方乳粉,抽检样品 916 批次,检出不符合食品安全国家标准、存在食品安全风险的样品 19 批次,占样品总数的 2.1%;检出不符合产品包装标签明示问题的(非直接的食品安全风险)样品 36 批次,占样品总数的 3.9%。此外,蔬菜及其制品的样品合格率为 95.2%,水产及水产制品的样品合格率为 92.8%,调味品的样品合格率为 97.1%,茶叶及其相关制品的样品合格率为 99.0%,酒类的样品合格率为 96.2%。[①] 可以看出,蔬菜及其制品、水果及其制品、水产及水产制品、饮料、食糖、酒类、炒货食品及坚果制品、豆类及其制品、蜂产品、冷冻饮品以及特殊膳食食品合格率低于平均水平,特别是饮料,合格率仅为 87.5%(见表 2—3)。

① 资料来源:国家食品药品监督管理总局发布的《2015 年上半年食品安全监督抽检情况》。

表 2－3　　　　　　　　2015 年上半年食品安全监督抽检结果汇总

序号	食品种类	抽检项目(项)	抽检数量(批次)	样品合格数量(批次)	不合格样品数量(批次)	样品合格率
1	粮食及粮食制品	74	6 680	6 536	144	97.80％
2	食用油、油脂及其制品	19	1 975	1 941	34	98.30％
3	肉及肉制品	47	4 678	4 530	148	96.80％
4	蛋及蛋制品	17	409	408	1	99.80％
5	蔬菜及其制品	48	784	746	38	95.20％
6	水果及其制品	42	508	488	20	96.10％
7	水产及水产制品	55	950	882	68	92.80％
8	饮料	56	2 242	1 961	281	87.50％
9	调味品	45	2 973	2 887	86	97.10％
10	食糖	18	112	107	5	95.50％
11	酒类	27	3 275	3 152	123	96.20％
12	焙烤食品	32	1 390	1 343	47	96.60％
13	茶叶及其相关制品、咖啡	28	902	893	9	99.00％
14	薯类及膨化食品	25	552	539	13	97.60％
15	糖果及可可制品	22	170	168	2	98.80％
16	炒货食品及坚果制品	20	458	433	25	94.50％
17	豆类及其制品	28	630	591	39	93.80％
18	蜂产品	13	487	463	24	95.10％
19	冷冻饮品	16	336	309	27	92.00％
20	罐头	28	86	84	2	97.70％
21	乳制品	32	1 391	1 389	2	99.90％
22	特殊膳食食品	67	1 410	1322	88	93.80％
23	食品添加剂	28	418	416	2	99.50％
24	餐饮食品	48	436	428	8	98.20％

资料来源:国家食品药品监督管理总局。

　　食品相关产品由于会与食品直接接触,因此与食品安全息息相关。近年来,国家质检总局的抽查结果显示,我国食品相关产品的合格率总体不断提升,由 2010 年的 91.1％上升到 2014 年的 98.5％(见图 2－6)。从 2014 年的抽查数据来看,2014 年国家质监总局全年共抽查了 5 种 6 695 家企业生产的 7 451 批次食品相关产品,抽查合格率为 98.5%,比 2013 年提高了 6.7 个百分点。其中,食品用塑料包装容器工具等制品、工业和商用电热食品加工设备 2 种产品抽查合格率均高于 95%,餐具洗涤剂、食品用纸包装及容器、压力锅 3 种产品抽查合格率介于 90%和 95%之间。① 另外,从图 2-6 还可以看出,相对于我国总体的产品合格率,食品相关产品的质量更有保障。

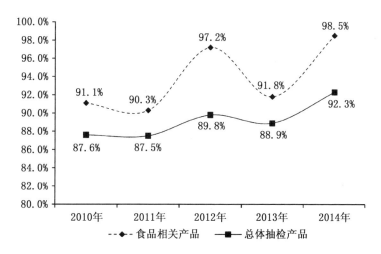

资料来源:质检总局关于公布 2014 年国家监督抽查产品质量状况的公告。

图 2-6　食品相关产品合格率

3. 原因分析

尽管我国食品安全合格率不断提升,但不合格食品仍大量存在。从不合格食品的原因来看,以国家食品药品监督管理总局 2015 年上半年的抽查结果为例,抽检发现的主要问题(见图 2-7):一是发现禁限用农兽药残留超标,占不合格样品总数的 2.8%。主要是部分样品中检出克百威、氯霉素、孔雀石绿、"瘦肉精"和恩诺沙星等禁限用农兽药。二是非法添加非食用物质和超范围、超限量使用食品添加剂,占不合格样品的 19.3%。主要是个别样品中检出硼砂、罗丹明 B、富马酸二甲酯和罂粟碱等非食用物质,部分样品中发现防腐剂、甜味剂和着色剂等添加剂不合格。三是微生物指标不合格,占不合格样品的 35.0%。主要是部分样品菌落总数、大肠菌群和霉菌等指标超标,但也有个别样品检出铜绿假单胞菌、单增李斯特菌和金黄色葡萄球菌等致病菌。四是重金属指标不合格,占不合格样品的 12.7%。主要是部分样品铝、铅、镉等指标超出标准限值。五是品质指标不合格,占不合格

① 资料来源:国家质量监督检验检疫总局门户网站。

样品的31.9%。主要是部分样品酸价、酒精度和电导率等项目不合格。①

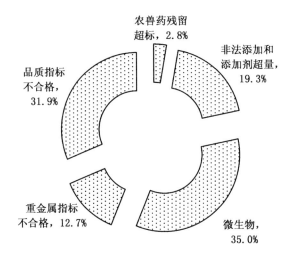

注:国家食品药品监督管理总局发布2015年上半年食品安全监督抽检情况,或由于某些不合格的样品中存在多方面的不合格原因,因此所加之和大于100%。

图 2—7　我国食品安全的主要问题

4. 举报及违法情况

食品安全的举报及违法查处情况,不但反映了我国食品安全的治理力度,也反映了我国食品安全的总体水平。2014年全年共受理食品投诉325 841件,立案25 969件,结案21 601件。受理保健食品投诉27 357件,立案1 486件,结案1 399件。2014年食品药品监管部门共查处食品案件247 459件,涉及物品总值36 900.8万元,罚款金额81 085.4万元,没收金额7 807.9万元,查处无证34 501户,捣毁制假窝点1 057个,吊销许可证634件,移交司法机关1 308件。2014年食品药品监管部门共查处保健食品案件8 620件,涉及物品总值4 489.8万元,罚款金额4 222.3万元,没收金额484.4万元,取缔无证经营424户,捣毁制假售假窝点49个,停业整顿516户,吊销许可证3件,移交司法机关141件。② 可以看出,我国食品安全形势依然严峻。

---

① 资料来源:国家食品药品监督管理总局发布2015年上半年食品安全监督抽检情况,或由于某些不合格的样品中存在多方面的不合格原因,因此所加之和大于100%。

② 资料来源:《2013年度食品药品监管统计年报》。

二、区域食品安全状况个案：以上海为例①

　　全国层面的食品安全数据相对不完整，在此选择上海作为区域个案，对我国食品安全的变化及现状进行分析。上海作为我国人口规模第一大城市，地产农产品占比较少，绝大多数食品依靠外部供给，2014 年，上海全市食用农产品总消费量在2 100 万吨左右，其中七成需要外部供给，食品安全风险管控相对更为困难。近年来上海市加大食品安全监管力度，以"五个最严"（最严的准入、监管、执法、处罚、问责）的要求，加强联合执法，严厉打击食品安全违法犯罪行为，督促企业落实主体责任，不断加强食品安全风险交流和宣传培训，着力构建食品安全社会共治的格局。2014 年上海市食品年抽检数已经达到 11.3 件/千人，抽检强度超过了欧美城市水平（见图 2—8）。通过一系列的努力，上海市食品安全状况总体处于可控状态。

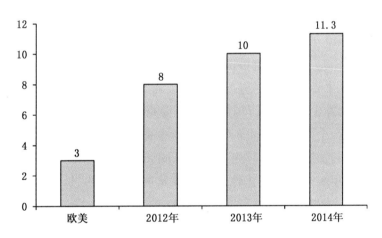

图 2—8　上海市食品年抽检强度对比（件/千人）

　　（一）主体构成及变化情况

　　截至 2015 年 2 月，上海市累计发放食品生产、食品流通、餐饮服务、食品相关产品等许可证 21.9 万张，相比 2011 年底增加了 25.1%。其中，食品流通许可证150 022 张，占许可证总数的 68.50%；餐饮服务许可证 65 871 张，占许可证总数的30.07%；食品生产许可证 2 617 张，占许可证总数的 1.19%；食品相关产品许可证580 张，占许可证总数的 0.26%（见图 2—9）。可见，在上海食品生产经营主体中，流通主体占了绝大多数。

　　而从各类主体的变化来看，获得许可证的食品流通经营主体比 2013 年底多出

　　① 本部分数据主要来自历年《上海市食品安全白皮书》。

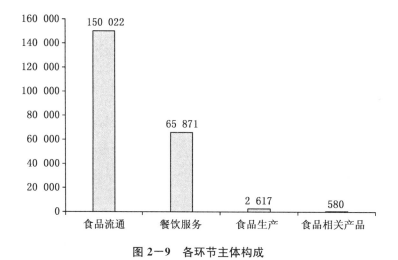

图 2—9　各环节主体构成

了 9.35%,是 2010 年底的 2.35 倍,而 2014 年底获得许可证的餐饮服务单位只比 2010 年底多出了 5.7%,获得许可证的食品生产企业则减少了三成。

(二)食物性中毒及合格率

食物性中毒发生率是食品安全状况的重要指标,2014 年上海共报告发生集体性食物中毒 3 起,中毒人数 126 人(无死亡),中毒发生率为 0.52 例/10 万人,食物中毒起数、人数和发生率比 2013 年分别下降 62.5%、31.5%和 32.5%。从图 2—10 中可以看出,近年来上海市集体性食物中毒发病率下降明显,从 2005 年的 6.06 例/10 万人下降到 2014 年的 0.52 例/10 万人。

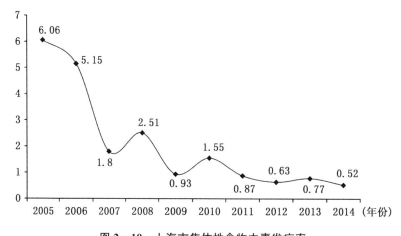

图 2—10　上海市集体性食物中毒发病率

为客观反映上海市各类食品安全的状况和趋势,及时发现食品安全问题和隐患,为食品安全科学监管提供重要依据,上海已在 17 个区县建立了 500 个固定监测采样点,数量将近 2010 年的 5 倍,从而将风险监测在上海市食品供应主渠道的覆盖面提高到 85%,上海市供应量较大的农产品批发市场、超市配送中心、大型购物中心等均已进入食品安全风险监测的覆盖范围。在此基础上,上海市 2014 年共监测 25 大类 11 964 件食品(含食品添加剂和餐饮具),涉及 437 项指标、28 万项次,食品监测总体合格率为 96.7%。而从检测合格率的变化趋势来看(见图 2－11),上海市食品安全监测总体合格率呈上升趋势,从 2010 年的 92.2% 上升到 2014 年的 96.7%,上升了 4.5%。

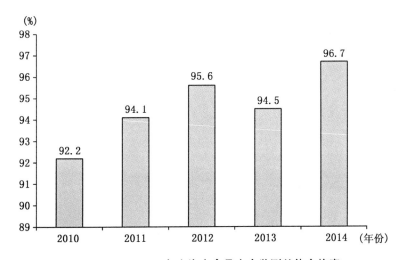

图 2－11　2010～2014 年上海市食品安全监测总体合格率

　　从不同类别食品的合格情况来看,乳制品、水果及其制品、婴幼儿食品以及食用植物油的合格率均在 99% 以上,而蔬菜及其制品、肉及肉制品以及水产及其制品的合格率较低,低于 96.7%,其中水产及其制品的合格率最低,为 91.1%(见表 2－4)。

表 2－4　　　　　　　　2014 年上海市不同品种食品监测合格率情况

序号	食品类别	监测样品件数	监测项次数	样品合格率(%)	同比 2013 年(%)
1	乳制品	646	5 670	100	0.2
2	水果及其制品	520	47 020	99.8	-0.2
3	婴幼儿食品	290	14 130	99.7	-0.3
4	食用植物油	200	2 800	99.0	2.1
5	蛋及其制品	380	5 420	98.9	-2.1

续表

序号	食品类别	监测样品件数	监测项次数	样品合格率(%)	同比2013年(%)
6	粮食及其制品	1 050	8 200	98.7	2.0
7	蔬菜及其制品	920	86 110	96.5	9.0
8	肉及肉制品	1 330	18 860	95.5	1.2
9	水产及其制品	1 280	16 860	91.1	2.7

资料来源:《2015年上海市食品安全状况报告》。

从不同环节的食品安全状况来看(见图2—12),2014年监督抽查结果显示,上海市餐饮服务环节合格率最低,仅为88.4%,其次为生产环节,合格率为94%,种养殖以及进口环节的食品合格率最高,分别为99.9%和99%,流通环节的合格率则为94.7%。从图2—12中可以看出,种养殖环节以及进口环节的合格率连续五年均保持在99%(含99%)以上,生产环节的合格率相对2010年有所降低,流通环节和餐饮环节的合格率分别比2010年上升了3.5%和2.3%。

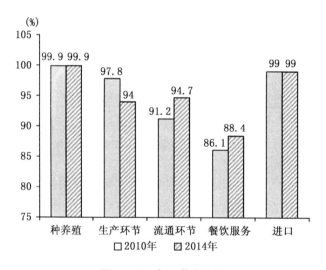

图2—12　各环节合格率

(三)食品安全问题原因

从上海市食品安全问题的原因来看,2014年的抽查结果显示,微生物污染占了绝大部分比重,占到食品安全问题的74.84%,相对2011年的占比上升了20%。除微生物污染之外,农兽药残留问题占3.24%,食品添加剂问题占2.1%,非食用物质添加问题占1.4%,重金属超标问题占0.73%,标签等其他指标问题占17.69%。而从2014年食品安全问题原因与2010年食品安全问题的原因对比中可以看出,

人为性非法主动添加问题有所减少,在一定程度上说明了上海市食品安全问题性
质正逐步转变(见图2—13)。

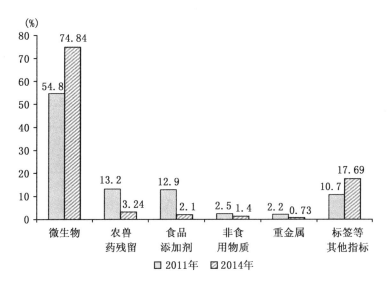

图2—13   2011年与2014年不合格主要因素构成占比变化

从各环节食品安全问题原因来看,上海农产品质量总体可控,但也存在养殖水
产品中渔药(如孔雀石绿等)残留不合格的现象;餐饮服务环节食品不合格的主要
原因为食品表面环节(含餐饮具)、色拉、熟肉制品、现制饮料、生食水产品、面包糕
点等指示性微生物项目不合格以及熟肉制品中亚硝酸盐、合成色素等食品添加剂
超标;流通环节食品不合格的原因主要表现在三个方面,一是熟肉制品、非发酵性
豆制品等食品的指示性微生物项目不合格,二是市售蔬菜、水产品的农药、渔药残
留超标,三是食品添加剂超标;生产加工环节的食品安全问题主要有标签不合格,
主要集中在营养标签标示不规范,瓶装或桶装饮用水、糕点、散装豆制品的指示性
微生物项目不合格,部分食品中山梨酸、硫酸铝钾、二氧化硫等食品添加剂超标。

另外,2014年上海市加大食品安全监管与违法惩处力度,共注销或吊销各类
食品生产经营企业证照7 405张,罚没款金额5 567.7万元,侦破危害食品安全的
犯罪案件129起,抓获犯罪嫌疑人260人。从违法案件中也可以透视出上海食品
安全问题状况,特别是重大食品安全问题的原因。2014年上海食品安全犯罪案件
主要表现出三个特点:一是制售假劣保健食品、调味品、桶装水,以及用猪肉制售假
冒牛肉,用过期食品作为原料加工食品等行为时有发生;二是部分领域"潜规则"犯
罪仍时有发生,个别地下加工窝点使用工业盐和化学试剂加工咸肉制品,使用"垃
圾肉"制售猪肉馅,使用工业用烧碱和松香加工食品;三是个别不法分子通过添加

有毒有害物质等方式制售食品进行牟利,比如在小龙虾、麻辣烫、牛肉汤中添加罂
粟壳。

(四)社会感知评价情况

随着政府对食品安全的高压治理,市民对上海市食品安全的认知也有所改观,
国家统计局上海调查总队的调查结果显示,2014 年上海市民食品安全知晓率得分
为 80.4 分,相对 2006 年提高了 4.2%(见图 2—14),认为上海食品安全状况"很安
全"、"比较安全"和"一般"的市民占比越来越高,从 2011 年的 86.3%,上升到 2014
年的 96.3%,上升了 10%,说明上海市食品安全水平的改善获得了市场的认可(见
图 2—15)。

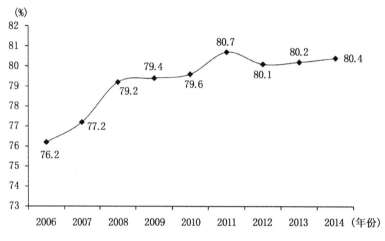

图 2—14   上海市民对食品安全的知晓率

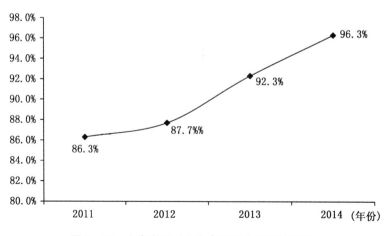

图 2—15   上海市民对上海食品安全状况的感知

三、本章小结

通过上文分析可以看出，一方面，我国食品的总体合格率不断上升，食品安全态势总体可控；另一方面，我国食品安全水平仍存在改善的空间，食品安全违法案件时有发生。基于以上分析，可对我国食品安全状况作如下判断：

从我国食品安全基本趋向来看，通过近年来一系列的治理措施，我国食品安全水平得到了显著提升，农产品监测合格率稳定在 96％以上，"三品一标"认证工作成效显著，食品安全总体合格率达到 96.3％，食品相关产品的合格率也稳步上升，说明我国食品安全形势不断改善且总体可控。从对上海区域个案的分析也可以看出，食物中毒率逐年下降，食品总体合格率趋于上升，在此条件下，消费者对食品安全的知晓率、信心也有所增加。因此，总体来看，随着我国对食品安全治理的逐步加强，无论从现实监测的合格率层面来看，还是从消费者的信心层面来看，我国食品安全状况总体存在向好态势。

从我国食品安全的现状来看，尽管我国食品安全水平不断提升，但我国食品安全仍面临着严峻的挑战。食品安全水平的提升并不代表当前食品安全已经达到了一个令人满意的境况，我国食品安全事件仍然频发，违法事件层出不穷，农产品合格率有所波动，食品安全的合格率有待进一步提升。2014 年全年共受理食品投诉 325 841件，查处食品案件 247 459 件，如果按天平均，则每天受理投诉 893 件，查处食品案件 668 件，而这仅仅是有数据的显性部分，可以推知大量潜在问题更为严重。因此，我国当前食品安全问题依然严峻，食品安全的治理仍需加强。

从我国食品安全问题的原因来看，人为性食品安全问题仍比较突出。食品安全的治理，一方面要了解食品安全的总体态势，另一方面还要更细致地掌握食品安全问题的原因。而对于食品安全问题的原因又可以从两个方面来考察：一是造成食品安全问题的直接因素，或是食品安全问题的表象；二是造成食品安全问题的背后因素，或是食品安全问题的主观动因。从国家食品安全抽检结果可以看出，微生物指标不合格、品质指标不合格以及非法添加非食用物质和超范围、超限量使用食品添加剂是我国食品安全问题的主因，而从背后的因素来看，可以看出人为性主观主动违规的现象仍比较突出，这一点可以从非法添加非食用物质和超范围、超限量使用食品添加剂仍是我国食品安全问题主要原因层面得以反映。

第 3 章

相关主体食品安全认知与压力感知

食品安全水平的提升,关键在于食品生产经营主体行为的改善,而生产经营主体行为的改善往往是对压力的回应,压力既来自于食品产业链内部,也来自于监管者及社会。因此,食品安全的治理,本质在于营造一个压力氛围,以压力促进食品生产行为主体行为的改善。本章将通过相关调查数据,对我国食品相关主体的压力感知状况进行分析。

一、消费者

近年来,消费者对食品安全问题关注的提升,形成了食品安全治理的总体氛围,特别在网络新媒体时代,消费者的诉求与媒体力量的结合便形成了舆论的压力,直接推动了政府及企业对食品安全议题的关注及行为跟进。消费者对食品安全议题的关注可以从不同调查中得以反映,以《小康》杂志联合清华大学媒介调查实验室的调查为例,在"最受关注的十大焦点问题"中,"食品安全"连续三年高居榜首(见表3—1)。

表 3—1　　　　　　　　《小康》杂志"最受关注的十大焦点问题"调查结果

2014 年	2013 年	2012 年	2011 年	2010 年
食品安全	食品安全	食品安全	房价	物价
腐败问题	腐败问题	物价	物价	房价
物价	医疗改革	腐败问题	食品安全	医疗改革
房价	贫富差距	医疗改革	医疗改革	食品安全
医疗改革	房价	房价	腐败问题	教育改革
贫富差距	社会保障	贫富差距	住房改革	住房改革
环境保护	物价	社会保障	社会道德风气	社会保障

2014 年	2013 年	2012 年	2011 年	2010 年
就业问题	环境保护	教育改革	教育改革	就业问题
社会保障	收入分配改革	收入分配改革	生活成本上升	收入分配改革
社会道德风气	住房改革	住房改革	就业问题	腐败问题

资料来源:根据近年《小康》杂志"最受关注的十大焦点问题"调查结果整理。

为了进一步了解消费者对我国食品安全状况的认知,并分析其对食品安全治理所形成的压力,课题组于 2012 年 3 月到 5 月对上海、江苏等地消费者进行了调查,共计获得有效问卷 637 份。

(一)总体感知

从消费者对我国食品安全的总体感知来看,在以 1 分到 5 分食品安全状况递增的评分中,消费者的平均给分为 2.32 分。其中,选择 4 分及 5 分的消费者仅占样本量的 10.42%;而对于"相对发达国家哪里食品更安全"的问题,仅有 6.59% 的消费者选择了中国;另外,高达 52.68% 的消费者认为过去五年我国食品安全状况变差了,认为未来十年中国食品安全状况将有很大改善的消费者也仅有 39.90%(见表 3—2),说明消费者对我国食品安全的总体状况并不满意,消费者的这一认知将对政府造成较大的治理压力。

表 3—2　　　　　　　　　　消费者对我国食品安全状况的总体感知

项　目	结　果				
总体感知评分 (差 1—2—3—4—5 好)	选项	1 分	2 分	3 分	4 分	5 分
	比例(%)	23.88	31.41	34.29	9.46	0.96
相对发达国家哪里 食品更安全	选项	发达国家	中国	差不多	—	—
	比例(%)	71.70	6.59	21.70	—	—
相对过去五年食品 安全状况变化	选项	变好了	没变化	变差了	—	—
	比例(%)	19.19	28.13	52.68	—	—
未来十年中国 食品安全状况	选项	将有很大改善	很难有变化	会越来越差	—	—
	比例(%)	39.90	50.73	9.37	—	—

(二)食品安全治理认知

消费者对政府监管的满意度及对食品安全问题的归因,将直接对政府的监管造成压力,从而成为促使政府监管行为改善的主要力量。调查中,对于问题"您对我国政府的食品安全监管是否满意",选项为从 0 到 5 六个等级,代表满意度依次增加。调查结果显示,消费者的平均给分仅为 2.07 分,给出 4 分或 5 分的消费者仅占样本总量的 8%。而给出 3 分以下的消费者占了调查样本的近 60%(见图 3—1)。说明我国消费者对食品安全监管的满意度不高,这在一定程度上给政府造成了较大的压力。

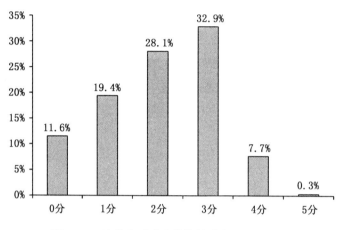

图 3—1 消费者对政府监管的满意度评分分布

而对于当前我国食品安全问题的主要归因,56.84% 的消费者选择了"政府监管不力",其次为"企业的违法行为"。可见,消费者将食品安全问题的频繁发生主要归因于政府的监管不力和企业的违法行为(见图 3—2)。

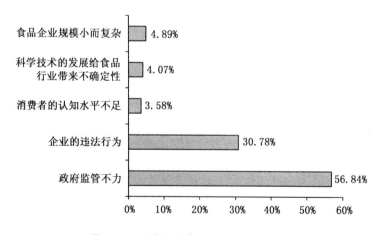

图 3—2 消费者对食品安全问题的归因

归根结底,问题食品是生产出来的,特别是在我国当前状况下,企业的违法行为是影响食品安全水平的主要原因。而对于"您认为部分食品企业敢做出违法的行为主要是因为什么"这一问题,选项主要有:"企业太多,政府顾不过来";"政府应付性的检查";"行业潜规则,大多数企业都这么做";"消费者的维权意识薄弱"。调查结果显示,47.4%的消费者选择了"政府应付性的检查";而选择"行业潜规则,大多数企业都这么做"的为29.3%(见图3-3)。与之相对应,在政府监管人员对食品安全监管的执行是否到位的问题中,选择"很到位"的仅占2.4%,而选择"不太到位"以及"不到位"的分别占到了42.1%和26.6%(见图3-4)。

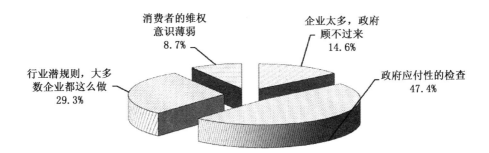

图3-3   食品企业敢于违法的原因认知

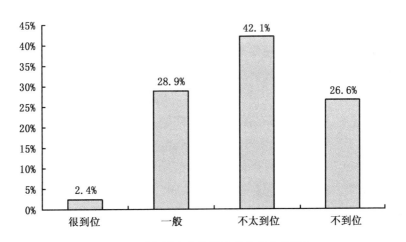

图3-4   对食品安全监管人员执行力的认知

而从压力形成来看,对于问题"您认为当前的公众舆论监督是否给了政府食品安全监管很大的压力",17%的消费者认为"是的,感觉政府压力很大",29%的消费者认为"一般",54%的消费者认为"政府压力不足,还应该加强公众监督,给政府增加压力"(见图3-5)。说明消费者希望进一步给政府施压,以促进其积极作为。

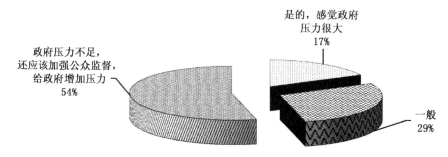

政府压力不足，
还应该加强公众监督，
给政府增加压力
54%

是的，感觉政府
压力很大
17%

一般
29%

图 3—5　舆论监督对政府食品安全监管的压力

二、农户

农户是农产品生产主体，其行为将直接影响农产品质量安全，因此在食品安全的治理中，农户也是治理的重点对象之一。总体来看，农户对农产品质量安全重视的压力主要来自三个方面：一是个体的道德认知；二是政府的监管压力；三是市场需求的压力。为了了解农户对农产品质量安全的认知及压力情况，课题组于 2012 年 10 月对蔬菜种植户进行了调查，调查共计获得有效样本 643 份。

（一）菜农对食品安全的认知

从对当前生产的蔬菜质量安全情况的认知来看，17.73％的菜农认为没有质量安全问题；认为有一点，但经过清洗处理后就没有了的占到了样本总量的 80.87％；认为问题很大的仅占到 1.40％。[①] 可以看出，尽管是菜农自由作答的调查，依然仅有 17.73％的样本认为蔬菜不存在质量安全问题，这说明菜农对食品安全存在一定的认知。而对于问题"您认为农产品的农药残留对人体的健康危害大吗"，14.00％的菜农认为"不大"，40.59％的菜农认为"一般"，而认为"很大"的占到了 45.41％，说明菜农对蔬菜农药残留危害存在一定的认知。

从菜农的具体行为来看，调查中以农药的施用为例，测度了农户遵从相应标准的情况。调查结果显示，56.3％的菜农选择了按照标准施用农药，而选择"比标准多"或是"比较随意"的比例分别占到了样本总量的 23.90％及 11.2％（见图 3—6）。这说明部分菜农的施药行为并不符合要求，存在一定的安全风险。

（二）压力感知

从监管压力来看，对于问题"在蔬菜种植过程中，当地是否有部门进行监管检验"，58.48％的菜农选择了"没有"，41.52％的选择了"有"。可见，政府监管部门对

---

①　表面上看，认为问题很大的仅占样本量的 1.40％，这一比例似乎有些偏小，但本次调查是菜农的自主选择，极少有菜农会承认蔬菜有很大质量安全问题也是可以理解的。

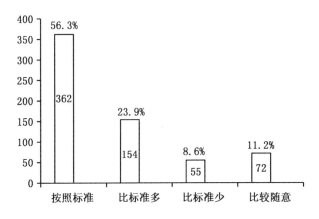

图 3-6　样本菜农农药用量选择情况

农户的监管触及率还是非常低的。并且,对于表示种植过程中存在监管的菜农,其规范施用农药的比例为 59.18%,而表示种植过程中没有监管的农户,规范施用农药的比例为 54.26%,由此可以看出,监管对农户用药选择规范性的影响也并不理想,这在一定程度上说明菜农受到政府监管压力的影响并不大。从供应链下游给菜农带来的质量安全压力情况来看,样本菜农中签订售前合同的比例并不高,仅为 22.24%。统计表明,签订售前合同的农户中规范用药的比例为 55.24%,而没有签订售前合同的菜农中规范用药的比例为 56.60%。可见,售前合同对菜农规范施用农药行为的影响也不明显,说明下游购买主体对菜农农药规范使用,进而保障农产品质量安全的压力也不大。另外,参加合作社也未对菜农规范用药形成约束,样本中参加合作社的比例为 22.08%,没有参加合作社的菜农规范用药的比例为 57.29%,而参加合作社的菜农规范用药的比例反而有所下降,仅为 52.45%。

从市场压力的影响情况来看。对于问题"您认为蔬菜(水果)买家购买时更加注重什么",调查结果显示,32.97%的菜农选择了"卖相",33.90%的菜农选择了"价格",选择安全性的菜农仅占到 29.70%,2.18%的菜农选择了其他,说明从菜农角度来看,安全性在蔬菜的卖点中并不突出。而对于问题"注重蔬菜的绿色安全性是否可以卖个好价钱",有 49%的菜农认为"可以",51%的菜农认为"很难"。而进一步的分析表明,认为注重蔬菜的绿色安全性可以卖个好价钱的菜农其农药施用更加规范。这说明市场的力量可以在一定程度上促进菜农的规范行为,但由于市场对质量安全的识别有限,绝大部分菜农没有能够将蔬菜的质量安全作为主要的卖点,因此,市场力量作用的发挥也比较有限。

三、商户

流通主体是食品供应链中的重要环节,当前我国共计发放食品流通许可证744.6万张,流通主体数量约为生产主体数量的20倍、餐饮主体数量的3.5倍,因此,流通主体的认知行为对食品安全的影响重大。为了了解流通主体对食品安全的压力感知,课题组以农贸市场商户为研究对象,于2011年10月进行了调查,共获得有效商户样本267份。

(一)食品安全认知

食品安全的认知将在一定程度上影响其自身治理压力的接受,进而影响其行为,对食品安全水平的提升有着重要意义。在对食品安全状况的认知方面,40.8%的商户认为"很好,没什么问题",53.6%的商户认为"存在一定的问题";认为问题比较大的商户仅占5.6%。与消费者的认知相对照,可以看出商户对食品安全的现实状况较消费者乐观。而对于问题"您认为当前食品安全问题主要出现在哪个环节",29.9%的样本商户选择了"农产品生产环节",52.7%的样本商户选择了"加工环节",选择"物流流通环节"的为17.4%,大部分商户认为加工环节是食品安全问题的主要产生源。对于问题"造成对食品安全缺少关注的主要原因是什么",22.3%的样本商户选择了"食品安全问题不大,没必要太多关注",36.0%的样本商户选择了"过多关注食品安全会增加成本",而选择"知识局限,缺少必要的食品安全管理知识"占到了样本商户的25.4%;16.3%的样本商户选择了"别人不关注,我也没必要关注"。可以看出,成本问题是商户忽视食品安全问题的主要影响因素。

(二)压力感知

对于问题"促使您关注食品安全的压力主要来自哪里",20.2%的商户选择了"顾客越来越关心食品安全,我不关心就卖不动";20.5%的商户选择了"工商执法部门的检查,如不合格会有惩罚";3.0%的商户选择了"市场管理者的检查压力";选择"保证食品安全,可以对得起顾客,心里踏实"的商户占到了样本量的56.3%。① 从中可以看出,除商户自律外,消费者对食品安全重视所形成的市场压力以及政府部门的监管压力,对商户重视食品安全起到了积极作用(见图3—7)。

对于问题"您认为政府食品安全监管执法人员的工作如何",38.72%选择了"很到位,检查认真";54.14%认为"一般";7.14%选择了"比较差,不负责"(见图3—8)。可以看出,认为政府食品安全监管执法人员很到位的占比并不高,这也间接

---

① 基于常识,对于食品经营者自行作答的问卷,选择"保证食品安全,可以对得起顾客,心里踏实"能够体现出商户的责任心,会存在某种程度的向上偏误。

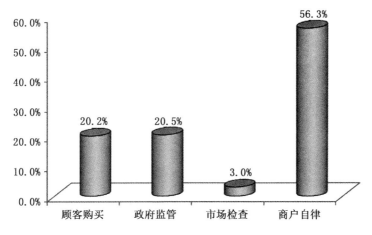

图3—7　商户重视食品安全的驱动力

说明了监管部门对其造成的压力或许并不大。

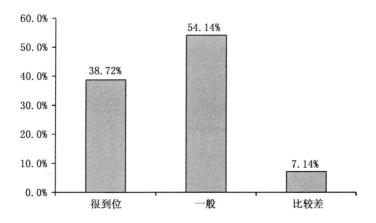

图3—8　商户对食品安全监管人员执行力的评价

在解决食品安全问题的措施建议方面,调查中设计了"加强政府监管"、"加强行业自律"、"加强教育培训"以及"加大奖惩力度"四个选项。从调查结果来看,34.1%的商户认为应该"加强政府监管",39.0%的商户认为应该"加强行业自律",选择"加强教育培训"以及"加大奖惩力度"的比例分别为15.5%和11.4%。可见,从商户视角来看,行业自律与政府监管是保障食品安全的主要手段。

可追溯体系是当前我国力推的食品安全保障措施之一,其对弱化信息不对称、明晰主体责任有着积极的作用。对于问题"您认为是否有必要实施食品安全信息追溯体系",42.7%的商户选择了"有必要,追溯体系可以增加食品生产的透明性";

30.7%的商户选择了"没必要,还要增加产品成本";而26.6%的商户选择了"无所谓"。认为可追溯体系没必要或是无所谓的占了较大部分比重(见图3—9)。

在看待市场增加产品的检验这一措施方面,4.1%的商户认为是"坏事,增加了我的经营风险";83.9%的认为是"好事,可以保证产品质量";12.0%的商户选择了"没有必要"。可见,尽管大部分商户主张加强检验,仍有部分商户认为没有必要。

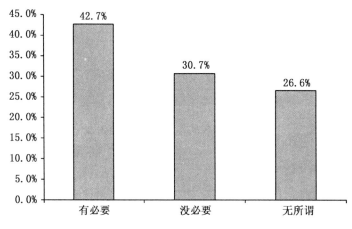

图3—9 商户对实施可追溯体系的态度

四、食品(农产品)企业

食品企业是食品供应链中的核心主体,往往通过对食品的加工而改变了食品的性状,对食品质量安全的影响也较大,是食品安全的最主要责任主体,食品企业对食品安全问题的认知与压力感知,将对其生产行为进而食品安全水平产生重要影响。为了了解食品企业对食品安全的认知及压力感知,课题组于2014年9月对无锡等地农产品生产加工企业、食品加工企业负责人或管理人员进行了调查,共计调查企业71家,回收有效问卷65份①,企均员工人数为90.08人,销售额中位数为年均500万元。

从对政府食品安全治理的压力感知来看,对于食品(农产品)企业负责人或管理人员,了解食品安全相关法律是基本要求,但对于问题"您是否了解食品安全的相关法律规范",选择"比较了解"的仅占53.23%,41.94%的被访对象回答"了解一些",甚至有4.84%的受访者回答"不了解"。可以推知,部分食品(农产品)企业经营管理人员并未感受到食品安全法律法规所形成的制度压力。而对于问题"您认

---

① 为充分利用样本信息,个别数据缺失由于提供了其他可利用的数据信息,仍视为有效样本。

为政府食品安全监督体系的实力如何",选项分别为"强大"、"一般"和"脆弱",调查结果显示,50.00％的受访者选择了"强大",43.75％的受访者选择了"一般",而有6.25％的受访者选择了"脆弱"(见图 3－10)。可见,部分受访者认为政府食品安全监督体系的实力一般或者脆弱,潜在的推论即政府的监管并未给这类企业带来实质性的高压力。

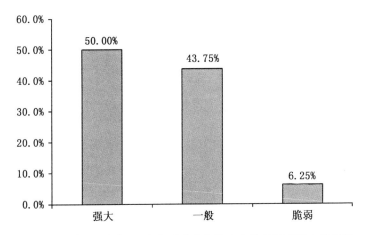

图 3－10　食品(农产品)企业对政府食品安全监督体系实力的感知

　　作为市场经营主体,食品企业除了受到来自食品安全法律与监管的约束压力外,市场的压力也是企业食品安全行为的主要影响因素。对于问题"您认为遵从食品安全法规会对贵单位运营成本的影响如何",选择为从 1 到 5 五个等级,代表影响逐渐增加。调查结果显示,受访者选择最多的为 3 分,占到了做出选择样本的30.65％,其次为 4 分,占 22.58％,选择 4 分与 5 分的受访者占做出选择样本的38.71％,而给出 1 分和 2 分的受访者占做出选择样本的 30.65％,说明企业经营者对食品安全改善行为存在一定的成本压力感知,这或将影响食品企业遵从相关法律的意愿。遵从食品安全法规存在两面性:一方面会增加企业成本;另一方面也可能因产品品质的提升而给企业带来溢价。对于问题"您认为生产过程中更注重安全性的食品或农产品是否可以卖个好价钱",75％的企业受访者回答"可以",25％认为"很难"。这一调查结果说明,大部分企业认可注重食品或农产品的质量安全可以实现一定的价值溢出。如果将这一结果与对农户(菜农)的调查结果相对比,或可得出有价值的信息。在菜农调查中,49％的菜农认为注重蔬菜的绿色安全性可以卖个好价钱,相较企业的调查结果要低很多,可能解释或许为,由于企业品牌的存在,或通过认证等市场确认机制,企业对产品质量安全的市场声明相较农户个体的声明更容易获得市场的认可,从而更容易取得质量安全的回报。

食品企业,特别是农产品加工企业一边直接面对消费市场,一边又连着农户,其受到市场及政府的约束,同时也有责任对供应链上游农户提出食品质量安全要求。为了了解企业是否对上游农户形成监督压力,调查中设计了"贵企业是否对农户生产过程中的食品安全提出要求"的问题。调查结果显示,9.52%的企业选择"暂时没有",90.48%的企业都选择了"有";但在选择"有"的样本中,54.39%的企业认为尽管有要求但很难监督,45.61%的企业认为对农户食品安全要求的效果较好。可见,食品企业一般会给供应链上游提出食品质量安全要求,形成规范种植的压力,但由于面对的上游是数量多、规模小的农户,企业质量要求的成效必然要受到一定的影响。

五、本章小结

从上文的分析中可以看出,消费者对食品安全存在较强的诉求,食品安全是近年来消费者关注的焦点,但消费者对我国食品安全总体状况并不满意,这也在一定程度上影响了对政府食品安全监管的满意度,认为应进一步提高监管绩效。消费者对食品安全的认知,必然会对政府产生较大的压力。尽管消费者对食品安全问题有着较强的诉求,但从对生产主体的调查来看,无论是农户,或是商户,还是生产企业,其关于食品安全的认知还不够充分,压力感知状况有待进一步提升。

第 4 章

我国食品安全保障体系的沿革、现实与趋向

一、引　言

近年来,频发的食品安全问题事件折射出我国食品安全保障体系依然存在较大提升空间,对食品安全保障体系的完善与提升已成为我国民众的迫切诉求,但食品安全保障真正成为我国执政的核心问题之一不过是近年的事情。[①] 新中国成立后的较长一段时间内,由于当时人们的认知水平有限、食品工业尚不发达,加之温饱问题还未完全解决,食品安全问题并没有引起各界的足够重视,虽然国家也在不同时期出台了一些关于食品卫生的相关规定,但无论从监管理念还是从监管措施来看,都还处于食品安全治理的初级阶段。从计划经济到市场经济,我国的行政体制、经济体制都经历了巨大的变革,政府的食品安全保障职能也经历了由细碎到系统的复杂变迁。党的十八大以来,新一届政府对食品安全问题也非常重视,十八届三中全会又对食品安全保障进行了进一步部署,反映出未来一段时间内我国食品安全治理的改革趋向。任何制度的发展都有着内在的动力与规律,对食品安全监管与保障体系变迁的分析,将有利于对我国当前食品安全保障体系现实与问题的理解,也为进一步完善我国食品安全监管与保障体系提供合理的洞察。

随着近年来社会各界对食品安全问题的关注,不同学者对我国食品安全保障体系的变革、现状与问题也进行了多角度的总结与审视。就我国食品安全保障体系的变革来看,有些学者对变革经历的阶段进行了总结与划分,如袁文艺和程启智(2011)认为我国食品安全管制经历了四个时期,分别为计划经济时期(1949～1979年)、过渡时期(1979～1995年)、市场化改革时期(1995～2008年)以及服务型政府建设时期(2008年至今);刘海燕和李秀菊(2009)将我国食品安全制度分为了三个阶段,分别为食品卫生制度(2003年以前)、食品安全政策形成(2003～2007年)和

[①]　不仅是我国,欧洲发达国家将食品安全提上主要议事议程也不过是 20 世纪 90 年代的事。

食品安全政策的新动向(2008年至今);刘鹏(2010)则将我国食品安全保障体系归纳为指令型体制(1949～1977年)、混合型体制(1978～1992年)和监管型体制(1993年至今)。而从我国食品安全保障体系变迁的动力机制来看,程启智、李光德(2004)认为持续存在的负内部性是食品安全规制变迁的动力,规制变迁在动态博弈过程中走向均衡;刘海燕和李秀菊(2009)认为食品安全政策不能仅仅从政府弥补、矫正市场失灵的角度去理解,食品安全政策变迁的动力还源于人们偏好的变化;王耀忠(2006)则认为食品安全监管的产生和变革更多是源于外部环境的变化以及食品安全危机;李怀、赵万里(2009)对食品安全监管变迁的动力源进行了总结,分别为《食品卫生法》已不适应当前的社会经济形势、国际贸易的压力、民众健康的呼唤、构建社会信用体系的需要、食品市场交易中的负内部性等。而从食品安全保障体系变迁的结果或趋向来看,学者们也提出了自己的观点,如刘亚萍(2009)认为我国食品安全监管经历了从行业管制向社会管制的变迁;齐萌(2013)主张我国食品安全监管模式应实现从威权管制到合作治理的过渡等。在对我国食品安全保障体系变迁及现实审视的基础上,众多学者也从不同角度对我国食品安全保障体系存在的问题进行了总结,如认为我国食品安全监管制度过于碎化(李静,2011),法律、标准还不完善(史永丽,2007;周小梅,2010),监管主体失职等(王青斌、金成波,2012);也有学者从总体上对我国食品安全监管体系现状与问题进行了总结,如周应恒、王二朋(2013)从监管体制与能力、监管机制和监管手段体系三个层面总结了我国食品安全监管存在的问题并提出相应建议。

总体来看,现有文献对我国食品安全保障体系变迁的研究,多进行总体动力归因,而我国食品安全保障体系的变迁有着复杂的经济社会环境,其变迁的动力源在不同时期往往不尽相同。另外,我国食品安全保障体系一直处于动态调整之中,"十八大"后又经历着新一轮的变革,特别是十八届三中全会又对食品安全治理进行了重点表述。基于此,仍有必要对我国食品安全保障体系的变迁与现实,特别是新近治理趋向,进行进一步的总结与审视。

二、我国食品安全保障体系的历史沿革与演进动力

在充分考察我国食品安全监管与保障体系变革历史并借鉴前人研究的基础上,结合当前我国食品安全监管体系的新变化,本研究认为,我国食品安全监管体系的变迁过程可以划分为五个阶段,并且影响我国食品安全监管体系变革的内在动力并非为单一力量,每一阶段变革的内因也在一定程度上存在差异。

(一)监管体系的变迁

我国食品安全监管体系是伴随着我国经济体制、行政体制的改革而改变的,考察我国食品安全监管体系变迁的主要脉络可沿两条主线,一是责任主体的变迁,二是法律体系的发展,综合这两条主线,我国食品安全监管体系大致可以划分为以下五个阶段:

1949～1978 年,行业主管部门管理、企业自律与卫生部门指导。在这一时期,受制于人们认知水平及食品产业环境的约束,政策治理层面的食品安全更多表现为对食品卫生的关注。此阶段,计划经济是我国经济社会体制的主要特征,在这一制度安排下,我国实行了分行业管理的政策,轻工部等与食品相关的行业主管部门在食品生产以及食品安全(卫生)管理方面处于主导地位。从食品安全治理规章制度层面来看,1964 年国务院批准了《食品卫生管理试行条例》[1],成为这一时期食品安全(卫生)约束的基本规范。其中便对食品安全保障主体进行了表述:"食品生产、经营单位及其主管部门,应当把食品卫生工作纳入生产计划和工作计划,并且指定适当的机构或者人员负责管理本系统、本单位的食品卫生工作,卫生部门负责食品卫生的监督工作和技术指导",并进一步指出各主体的工作原则,即"食品生产、经营单位及其主管部门,各级卫生部门,应当密切配合,互相协作,共同做好食品卫生工作"。从中可以看出,该规定将食品安全(卫生)保障的责任更多地赋予生产者本身及其主管部门,卫生部门的监督及技术指导仅起到辅助作用。另外,值得注意的是,在计划经济体制下,由于政企不分,食品生产经营企业本身一般也具有一定的行政级别,企业并非仅以获取利润为经营目的,还在于履行上级交付的目标任务,因此,食品生产经营企业此时并非是纯粹的被监管对象,企业的性质与行政地位决定了企业(特别是其中的代理人,即企业领导层)亦是食品安全监管主体的重要组成部分[2],卫生部门、行业主管部门与企业之间更多表现为一种协作关系。在食品生产经营主体利润获取目标被弱化的背景下,存在道德风险的动机不强,因此在这一阶段人为性食品安全问题并不突出,相应的食品安全治理的典型手段为教育、精神激励及行政处罚,带有明显的计划经济色彩。

1979～1992 年,卫生部门监督,行业主管部门负责。虽然在此我们以改革开放作为新一阶段的起点,但食品安全监管体系具有一定的延续性,1979 年的《食品卫生管理条例》是在 1964 年试行版的基础上进行了一定的调整,其中规定的食品安全责任主体依然是行业主管部门。不过,此时卫生部门的食品安全行政职能有所加强,一方面体现在标准制定方面,该条例对卫生标准进行了分章表述,并规定食品卫生标准由卫生部门会同有关部门制定,另一方面,增加了卫生部门监管权力

---

[1] 该条例由卫生部、商业部、第一轻工业部、中央工商行政管理局、全国供销合作总社制定。

[2] 实际中,甚至会有主管部门领导兼任企业负责人的现象。

的表述,如"各级卫生部门要加强对食品卫生工作的领导,要充实加强食品卫生检验监督机构,负责对本行政区内食品卫生进行监督管理、抽查检验和技术指导,有贯彻和监督执行卫生法令的权力"。另外,《食品卫生管理条例》在内容上增加了对进出口食品的相关规定,在食品安全治理手段上增加了物质激励与处罚。之后,1982年我国政府颁布了《中华人民共和国食品卫生法(试行)》,开始将食品安全(卫生)治理上升到法律层面。从其内容上来看,该法律对卫生管理与卫生监督进行了进一步区分,指出食品生产经营企业的主管部门负责本系统的食品卫生工作,并对执行本法情况进行检查,各级卫生行政部门领导食品卫生监督工作。总体来看,这一阶段我国计划经济体制开始逐渐退出,但计划经济的思想并没有马上消失,行业主管部门行政权的存在造成该部门依然对食品安全负有管理责任,但卫生行政部门的标准制定、监督职能得以确立。另外,在处罚手段上更加多样,逐步适应市场经济环境。

　　1993～2002年,卫生部门主导,相关部门参与。1992年的中共"十四大"提出了中国经济体制改革的目标是建立社会主义市场经济体制,在此大环境下,轻工业部等食品行政主管部门在1993年国务院机构改革中被撤销,食品行业的行政干预大大弱化,食品企业逐渐成为真正的食品安全责任主体。之后,1995年我国正式出台了《中华人民共和国食品卫生法》,明确规定国家实行食品卫生监督制度,国务院卫生行政部门主管全国食品卫生监督管理工作,国务院有关部门在各自的职责范围内负责食品卫生管理工作,在食品卫生管理的表述中,将过去"食品生产经营企业的主管部门负责本系统的食品卫生工作"的提法,改为了"各级人民政府的食品生产经营管理部门应当加强食品卫生管理工作"。1998年,我国设立了国家质量技术监督局,接替了原来由卫生部承担的食品卫生国家标准的审批职能。而从食品安全监管与治理的内容来看,新《食品卫生法》增加了对保健食品的规定,对违法行为处罚做出了更为详细的界定。另外,值得注意的是,在《食品卫生法》中,增加了对食品卫生监管人员约束性的规定,如其中第五十一条规定:"卫生行政部门违反本法规定,对不符合条件的生产经营者发放卫生许可证的,对直接责任人员给予行政处分;收受贿赂,构成犯罪的,依法追究刑事责任。"第五十二条规定:"食品卫生监督管理人员滥用职权、玩忽职守、营私舞弊,造成重大事故,构成犯罪的,依法追究刑事责任;不构成犯罪的,依法给予行政处分。"这表明我国食品安全监管体系已不局限于对食品生产经营者进行约束,对监管效能也提出了要求。至此,我国食品安全监管完成了由行业主管部门负责向卫生行政部门主导的过渡,并且食品安全治理也有了正式的法律依据,食品安全由行政治理走向了法律治理的现代监管阶段。

　　2003～2012 年,分段监管,相互协调。进入新世纪以来,受利润至上思想的影响,加之技术手段的进步,我国不断曝出各类食品安全问题事件,并通过新媒体快速传播,引起了社会各界的广泛关注,特别是 2004 年的"大头娃娃"劣质奶粉事件和 2008 年的"三聚氰胺奶粉"事件,使食品安全问题成为社会舆论的焦点,同时消费者对我国食品安全的信心也受到极大的影响,并引发了国人对食品安全保障体系效能的诸多质疑。在此背景下,高层领导对食品安全高度关注并在不同场合下进行了表态,一系列政策也陆续出台,政府逐步将食品安全问题列为行政治理的中心议题之一,监管体系也随之开始了新一轮的变革。2003 年,在原国家药品监督管理局的基础上组建了国家食品药品监督管理局,并被赋予食品安全综合监督、组织协调和依法组织查处重大事故的职能。2004 年,国务院印发《关于进一步加强食品安全工作的决定》,其中对我国食品安全监管主体进行了明确界定,即一个监管环节由一个部门监管,采取分段监管为主、品种监管为辅的监管方式。具体来说,农业部门负责初级农产品生产环节的监管,将原由卫生部门承担的食品生产加工环节的卫生监管职责划归质检部门,工商部门负责食品流通环节的监管,卫生部门负责餐饮业和食堂等消费环节的监管,食品药品监管部门负责对食品安全的综合监督、组织协调和依法组织查处重大事故。2008 年 9 月,在卫生部的"三定"方案中,又将综合协调食品安全的职责由国家食品药品监督管理局划入卫生部,同时将食品卫生许可、餐饮业、食堂等消费环节食品安全监管职责由卫生部划给国家食品药品监督管理局。至此,我国食品卫生治理理念被食品安全治理理念所取代,进入了分段监管、相互配合的综合监管阶段。一系列的食品安全事件及食品安全治理理念的变迁也对相应法律提出了要求。因此,2006 年我国出台了《中华人民共和国农产品质量安全法》,2009 年综合性的《食品安全法》正式出台,食品安全的综合治理有了基本的约束性规范,并且,为了更好地协调各部门的监管工作,2010 年2 月国家正式组建成立了国务院食品安全委员会,委员会办公室承担了食品安全的综合协调任务。2012 年国务院再次出台《关于加强食品安全工作的决定》,对食品安全监管工作做出了进一步的要求,并将食品安全纳入地方政绩考核,食品安全治理真正纳入核心执政任务之一。

　　2013 年初至今,国家食品药品监督管理总局集中监管,相关部门配合。2013年 3 月,在我国食品安全形势依然严峻,各界对分段监管效能存在质疑的情况下,国务院新一轮机构改革和职能转变方案按照集中监管模式,组建了国家食品药品监督管理总局,统一负责食品安全的监管与保障。而从内设监管机构来看,原归属质监管辖的生产环节独立成司,原工商管辖的流通环节、药监管辖的餐饮以及农产品的流通环节,整合成独立司局,此外,食品领域的监测、评估等综合职能独立成司。中央层面的机构改革后,各地方政府也开始了对食品安全监管机构进行调整。为适应食品安全保障环境的变化,修改已出台四年的《食品安全法》也被提上日程,2013 年 10 月《中华人民共和国食品安全法(修订草案送审稿)》公开征求意见,2015 年 4 月 24 日修订通过,修改后的《食品安全法》于 2015 年 10 月 1 日开始实施。新版《食品安全法》从原来 104 条增加 50 条变成 154 条,新法对八个方面的制度构建进行了修改,如完善统一权威的食品安全监管机构;明确建立最严格的全过程监管制度,进一步强调食品生产经营者的主体责任和监管部门的监管责任;更加突出预防为主、风险防范;实行食品安全社会共治,充分发挥媒体、广大消费者在食品安全治理中的作用;突出对保健食品、特殊医学用途配方食品、婴幼儿配方食品等特殊食品的监管完善;加强对高毒、剧毒农药的管理;加强对食用农产品的管理;建立最严格的法律责任制度等,将网购食品纳入监管范围,体现了"预防为主、风险管理、全程控制、社会共治"的食品安全治理理念。另外,2013 年 11 月 12 日,中共十八大三中全会通过的《中共中央关于全面深化改革若干重大问题的决定》亦对食品安全治理进行了明确表述。新一轮的食品安全保障体制改革,着力适应食品行业的发展及监管需求,提升监管效能。

(二)变革的动因

任何制度的变革都有着内在动因。我国对食品安全的治理经历了由弱到强的过程,相应保障制度也经历了复杂的变革,不但治理理念在转变,而且管理主体、管理手段等都在动态调整,具体到变革的动因,不同阶段又有所不同。

1978 年之前,在计划经济体制下,食品安全监管体系的变革是渐进式的,制度的出台往往是从无到有的过程,变革的外在压力较小,变革的动因主要来自组织制度的自我完善。此时,对食品卫生的关注及一系列制度的出台主要源于部门行政范畴内对缺失职责的规范化。而由第一阶段(1949~1978 年)到第二阶段(1979~1992 年)的变革及第二阶段内部的变革,则属于从属性变革,主要受到主体经济体制变化后对新制度的适应性调整。这一阶段是我国由计划经济向市场经济转变的重要时期,企业的主体地位逐步得以确认,其对利益的诉求也衍生出一系列投机性行为,行业主管部门的作用逐步弱化并最终被撤销,在此背景下,加大卫生主体行政部门的监管权力变得十分必要。另外,随着食品产业的发展,不但食品的品类、外源物质越来越多,而且流通的速度和范围也迅速扩展,因此,食品安全保障体系适应产业环境的发展,在食品安全标准、进出口食品管理等方面进行了拓展。从第二阶段(1979~1992 年)过渡到第三阶段(1993~2002 年)以及第三阶段内的食品安全制度变革,主要是对市场经济体制的适应,食品安全治理逐渐上升到法律层面,这一阶段变革的动力类似于第一阶段,是新经济制度下的适应与完善。总体来看,1949～2002 年的食品安全保障体系,虽然在从计划经济到市场经济的过渡背景下经历了巨大的调整,但调整的动力主要源自行政制度内部自我适应与完善,食品安全保障与监管体系的变革属于政治、经济体制变革下的从属性变革。

进入 21 世纪后,我国食品安全保障体系经历了快速变革的十年,而这一阶段变革的动力,已不是对经济体制的适应,而是来自外部压力。经过二十多年的改革开放,我国食品安全保障力度虽然也在逐步加强,食品安全(卫生)的治理也有了法律依据,但相对于我国食品产业的发展来说,保障的效能却力不从心。从改革开放初期到 21 世纪初,我国食品产业无论从业主体数量还是主体的违规动机都出现质的变化,可以说,改革开放后的二十多年中,我国食品产业的管理是一种粗放式的管理,治理制度的缺失及监管不到位使很多食品安全问题成为行业内部的潜规则。随着消费者生活水平的提高及社会监督力量的增强,食品安全问题一旦被曝光,在互联网等新媒体的快速传播下,便引起了极大的社会反响,在此条件下,原有粗放式的监管模式遭遇到了问责危机,因此,第四阶段(2003～2012 年)的食品安全监管体制变革,包括 2013 年初的机构调整,最大的动力已不是来自行政系统内部的自我调整与权力配置,而是外部危机引起了被动变革。危机推动变革往往始于危机对儿童的影响[1],食品安全监管亦是如此,2004 年"大头娃娃"事件曝光,引发了社会对食品安全问题的高度关注,为了应对食品安全危机,国家迅速出台了《关于进一步加强食品安全工作的决定》(2004 年),标志着从国家行政层面已开始由食品卫生监管转变到食品安全综合治理阶段,食品安全治理进入主要行政范畴。但这一《决定》的出台并未能有效阻止食品安全问题的频繁发生,2008 年的"三聚氰胺"奶粉事件再一次重创国人对食品安全的信心,对食品安全问题的关注也从学者、行政主体层面扩大到整个社会。消费者将对我国食品安全状况的强烈不满,部分归咎于政府的不作为及保障体系缺陷。为回应民众关切,《食品安全法》迅速出台,并组建了高级别食品安全委员会,各主管部门、各地区也纷纷出台各种条例措施,力保食品安全。2013 年初,在人们对分段监管广泛质疑的背景下,食品安全保障体系再一次做出重大调整,探索集中监管模式。可见,新世纪以来的食品安全保障体系变革,已不是对社会、经济体制变革的从属性适应与调整,而是在民众广泛关切背景下的主动变革。

---

① 菲利普·希尔茨.保护公众健康:美国食品药品百年监管历程[M].北京:中国水利水电出版社,2006.

表 4-1　　　　　　　　　　我国食品安全保障体系的变迁

阶段	主要文件制度	监管理念	保障主体	处罚措施	变革动因
1949~1978 年	《食品卫生管理试行条例》	食品卫生	企业、行业主管部门与卫生行政部门协调	精神激励、行政处分	从属变革
1979~1992 年	《食品卫生管理条例》《食品卫生法(试行)》	食品卫生	行业主管部门负责,卫生行政部门监督	精神与物质手段、行政处分	从属变革
1993~2002 年	《食品卫生法》	食品卫生	卫生行政部门监督,相关部门配合	物质处罚、刑事诉讼	从属变革
2003~2012 年	《关于进一步加强食品安全工作的决定》《食品安全法》《关于加强食品安全工作的决定》	食品安全	分段监管,相互协调	物质处罚、刑事诉讼	主动变革
2013 年至今	《食品安全法》《关于加强食品安全工作的决定》	食品安全	食药监总局集中监管,相关部门配合	物质处罚、刑事诉讼	主动变革

三、我国食品安全监管保障体系现状与困境

在内外因的驱动下,我国食品安全规制经历了复杂的变迁,目前已基本形成较为完整的保障体系,但受制于我国社会发展水平、产业环境等因素制约,我国食品安全保障体系依然面临较为严峻的治理困境,距离民众诉求与治理目标还存在一定的距离。

(一)我国食品安全监管保障体系现状

目前,我国食品安全监管体系正经历由分段监管向集中监管过渡,但政府监管只是我国食品安全保障体系的一部分,综观当前我国食品安全治理现实,从法律标准到监测评估,已形成了多层次的制度约束,从监管主体到生产主体,再到消费主体,已基本形成了多方共治的局面(见图 4-1)。

1. 法规、标准体系

我国食品安全法规体系主要由法律、行政法规、部门规章和一系列的食品安全标准体系构成。从法律来看,我国目前已出台了《食品安全法》《农产品质量法》等食品安全基本法,以及《消费者权益保护法》《进出口商品检验法》等相关法律,为食品安全的治理提供了法律依据。除法律外,我国目前还形成了一系列的行政法规,如《中华人民共和国农药管理条例》《农业转基因生物安全管理条例》等。法律及法

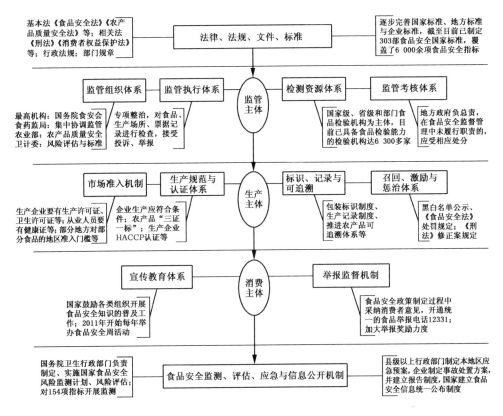

基本法《食品安全法》《农产品质量安全法》等；相关法《刑法》《消费者权益保护法》等；行政法规；部门规章

法律、法规、文件、标准

逐步完善国家标准、地方标准与企业标准，截至目前已制定303部食品安全国家标准，覆盖了6 000余项食品安全指标

监管组织体系　监管执行体系　　　检测资源体系　监管考核体系

监管主体

最高机构：国务院食安会食药局；集中协调监管农业部：农产品质量安全卫计委：风险评估与标准

专项整治，对食品、生产场所、票据记录进行检查，接受投诉、举报

国家级、省级和部门食品检测机构为主体，目前已具备食品检验能力的检验机构达6 300多家

地方政府负总责，在食品安全监督管理中未履行职责的，应受相应处分

市场准入机制　生产规范与认证体系　　　标识、记录与可追溯　召回、激励与惩治体系

生产主体

生产企业要有生产许可证、卫生许可证等；从业人员要有健康证等；部分地方对部分食品的地区准入门槛等

企业生产应符合条件；农产品"三证一标"；生产企业HACCP认证等

包装标识制度、生产记录制度、推进农产品可追溯体系等

黑白名单公示、《食品安全法》处罚规定；《刑法》修正案规定

宣传教育体系　　　举报监督机制

消费主体

国家鼓励各类组织开展食品安全知识的普及工作；2011年开始每年举办食品安全周活动

食品安全政策制定过程中采纳消费者意见，开通统一的食品举报电话12331；加大举报奖励力度

国务院卫生行政部门负责制定、实施国家食品安全风险监测计划、风险评估；对154项指标开展监测

食品安全监测、评估、应急与信息公开机制

县级以上行政部门制定本地区应急预案，企业制定事故处置方案，并建立报告制度，国家建立食品安全信息统一公布制度

图4—1　我国食品安全保障体系现状

规分别由全国人大及国务院制定,而国务院各部门也出台了本部门治理范围内的规章,如《食品卫生许可证管理办法》《进出境肉类产品检验检疫管理办法》《农产品包装和标识管理办法》等。另外,各地也根据本地区情况制定了相应的地方法规。除法律、规章等规范性要求外,食品安全标准也是食品生产经营过程中的强制性要求。近年来,针对标准缺失、相互矛盾等问题,我国对食品安全标准进行了整顿清理与补充,目前已基本建立了国家标准、地方标准和企业标准体系,制定公布了乳品安全标准、真菌毒素、农兽药残留、食品添加剂和营养强化剂使用、预包装食品标签和营养标签通则等303部食品安全国家标准,覆盖了6 000余项食品安全指标。[①]

2. 行政监管与检测体系

从监管主体来看,2013年的国务院机构改革提出了新的监管组织体系,将食

----

① 2013年7月10日国家卫生计生委例行新闻发布会公布信息。

安办、原食品药品监管局、质检总局的生产环节食品安全监督管理,工商总局的流通环节食品安全监督管理职责整合,组建国家食品药品监督管理总局,对生产、流通、消费环节的食品安全实施统一监督管理,并将工商行政管理、质量技术监督部门相应的食品安全监督管理队伍和检验检测机构划转食品药品监督管理部门。保留国务院食品安全委员会,具体工作由食品药品监管总局承担,食品药品监管总局加挂国务院食品安全委员会办公室牌子。新组建的国家卫生和计划生育委员会负责食品安全风险评估和食品安全标准制定,农业部负责农产品质量安全监督管理,将商务部的生猪定点屠宰监督管理职责划入农业部。除在组织体系上进行优化外,近年来我国还加大了食品安全检测体系的建设,截至 2010 年底,隶属于农业、商务、卫生、工商、质检、粮食、食品药品监管的 7 个部门、具备食品检验能力的检验机构达到 6 300 多家(其中专门食品检验机构近 1 000 家),拥有检验人员 6.4 万名。[①]

3. 准入、认证和可追溯与体系

《食品安全法》规定,国家对食品生产经营实行许可制度,从事食品生产、食品流通、餐饮服务,应当依法取得食品生产许可、食品流通许可、餐饮服务许可。从业人员还必须要有健康证、培训合格证等。另外,准入制度还体现在具体细分行业要求中,如畜禽定点屠宰制度,以及不同地区间的准入要求及门槛等方面。除强制许可证外,我国近年来为提高食品安全水平,还积极引入自愿认证体系,以市场力量激励企业主动提高食品安全生产标准。认证主要可以分为两类:一类是产品型认证,农产品认证多属于此类认证[②];一类是生产操作认证,如 HACCP(Hazard Analysis Critical Control Point)认证、ISO22000 食品安全管理体系认证等。另外,为克服食品生产经营过程中的信息不对称,降低企业出现道德风险的空间,我国进一步规范了产品包装标识,如转基因食品必须标注,以及推进可追溯体系。

4. 激励与惩治体系

目前,我国正逐步建立食品安全主体行为的激励与惩治体系。在激励方面,有些地区已实行了相应的公示制度,采纳痕迹管理,如检验结果的公示、餐饮中的笑脸公示等。另外,我国也正完善食品安全诚信体系建设,以激励和约束食品主体行为,如制定了《食品工业企业诚信体系建设工作指导意见》及实施方案、《食品工业企业诚信管理体系建立及实施通用要求》和《食品工业企业诚信评价准则》等;而在惩治方面,近年来我国不但加大了食品安全违规违法行为的经济处罚力度,而且将

[①]　《国家食品安全监管体系"十二五"规划》(2012 年)。

[②]　如绿色食品认证、有机食品认证等。

某些食品安全违法行为纳入《刑法》调整范围,通过处罚,规范生产经营主体行为。

5. 监测、评估与应急体系

食品安全风险的监测、预警、评估与应急机制是现代食品安全保障体系的重要特征与组成部分。《食品安全法》规定,国家建立食品安全风险监测制度,对食源性疾病、食品污染以及食品中的有害因素进行监测;国家建立食品安全风险评估制度,对食品、食品添加剂中生物性、化学性和物理性危害进行风险评估。目前,由1个国家级、31个省级、288个地市级监测技术机构组成的食品污染物和有害因素监测网,1个国家级、31个省级、226个地市级和50个县级监测技术机构组成的食源性致病菌监测网,对食品中农药残留、兽药残留、重金属、生物毒素、食品添加剂、非法添加物质、食源性致病生物等方面的154项指标开展监测,初步掌握了我国主要食品中化学污染物和食源性致病菌污染的基本状况。另外,我国还成立了国家食品安全风险评估专家委员会和农产品质量安全风险评估专家委员会,开展主要食品和食用农产品中重金属和农药兽药残留的风险评估。[①] 在应急管理方面,从国家到地方,我国目前已制定并出台了一系列的食品安全事故应急预案[②],以降低食品安全问题的危害与影响。

6. 宣传、教育与公众监督体系

宣传教育曾是我国计划经济时期食品安全管理的主要手段,但改革开放后,这一手段有所弱化。近年来,食品安全保障相关部门重新认识到宣传教育在食品安全保障中的作用,逐步开展了形式多样的食品安全教育,如自2011年起,我国每年开展全国食品安全宣传周活动,促进消费者对食品安全的关注及对食品安全知识的了解。另外,政府通过开通全国统一举报电话、加大举报奖励力度等形式,鼓励广大民众对食品安全问题进行投诉与举报,并充分发挥媒体的监督作用。除此之外,我国目前还出台了问题食品召回以及食品安全信息公开制度,以保障消费者的权益。

(二)我国食品安全保障体系面临的困境

新中国成立以来,我国的行政、经济体制经历了巨大变革,食品安全保障体系也经历了复杂的变迁,并逐步走向完善,但食品安全保障水平的提升并非是朝夕之事,也并非仅靠加强监管就可以实现的。随着环境的变化,我国食品安全保障体系各方面都将会逐步调整,由于保障体系各方面均存在改善空间,因此很难对我国食

---

① 《国家食品安全监管体系"十二五"规划》(2012年)。

② 2006年国务院出台了《国家重大食品安全事故应急预案》;2011年,修订后的《国家食品安全事故应急预案》颁布。

品安全保障体系提出单列的问题,但面对我国食品安全现实治理环境,可以进一步讨论我国食品安全保障体系面临的挑战,同时,应对挑战与困境的过程即是我国食品安全保障体系完善与提升的过程。

首先,从外部环境来看。外部环境可以分为自然环境、产业环境与技术环境,三种环境的现状与变化都对我国食品安全的保障形成了挑战。食品安全,特别是农产品安全,会受到自然环境的影响,我国前期粗放式的发展造成了大气、土壤及水体等的极大污染,环境保护部与国土资源部 2014 年公布的《全国土壤污染状况调查公报》显示,全国土壤环境状况总体不容乐观,耕地超标率为 19.4%,中度和重度污染点位比例共占 2.9%,这对农产品质量安全带来了挑战。并且,环境污染并非点源污染,在农产品产量增长约束的条件下,治理的难度非常大。另外,我国当前复杂的食品产业环境也影响了食品安全治理。产业集中度较低,产业链相对复杂,中小生产、加工企业占较大比重,农业生产依靠数以亿计的农户,我国食品产业的这一状况制约了我国食品安全的保障效能。从技术环境来看,当前生物技术、食品工业技术的快速发展,化学材料、外源物资不断引入食品中,在管理不到位的情况下,技术很容易过度渗透,对食品的安全形成挑战。

其次,从监管能力来看。我国目前食品安全监管自身能力还有待进一步加强,主要表现在:第一,监管人员、技术和设备与需求还有一定的差距。我国食品产业庞大,历史性沉淀问题较多,若要进行全面治理,仅仅依靠当前的监管资源难免有些力不从心。2010 年,我国专职食品安全监管人员仅 70 114 名,平均每个市级监管机构有 5 名、每个县级有 3 名专职监管人员,而有证有照的生产流通消费企业达700 万户;从监管设备来看,51% 的监管机构没有配备快速检测设备,且多数因无经费补充而长期闲置。[①] 第二,人浮于事的思想还较严重,在食品安全形势依然严峻的情形下,监管机构的监管效能直接影响着食品安全问题的产生,然而,目前我国食品安全监管中还存在着监管主体责任不明确、监管动力不强、个别监管人员不作为的现象,这极大地影响了食品安全保障体系效能的发挥。如在 2011 年央视报道的河南"瘦肉精"事件中,虽然我国已出台了生猪养殖、流通、销售检验检疫等相关制度,但各环节监管人员却执法不严或是相互勾结,睁一只眼闭一只眼,使"问题猪"的销售畅通无阻,给消费者造成了巨大的危害。可见,监管人员的不作为甚至背德行为,已经成为影响我国食品安全监管绩效的重要原因之一。除此之外,我国目前食品安全法规制度、监管理念、监管水平等还有待进一步完善与提高。

再次,从监管对象来看。经过三十年的改革开放,虽然我国经济取得了巨大的

---

① 于军:《国食品安全监管体制沿革和食品安全基本情况》,2012 年 3 月讲稿。

成就,但企业经营者素质还有待进一步提升,特别是过去长期粗放式的监管模式,使得一些违规、违法行为在某些经营者看来已习以为常,因此,食品安全问题中主动违规、违法的失德行为比重还比较大,并且,随着技术的进步,违规越发具有隐蔽性,这就大大增加了监管的难度。另外,我国很多小型食品生产者、农产品种植饲养者,一方面自身食品安全知识相对缺乏,经营过程中存在盲目违规现象;另一方面对于广大农户及小食品经营者来说,很多影响食品安全的行为是其为了防止收入波动的无奈选择,如过量农药施用等,这种被动违规在治理过程中相对更为困难。

最后,从消费主体来看。一方面,我国消费者前期缺少对食品安全的关注,在社会整体教育体系不完善的条件下,消费者还不能做到对食品安全问题的自我防范,提升消费者食品安全知识与自我防范意识的任务还非常艰巨;另一方面,当前消费者对我国食品安全形势总体评价较低,对食品企业的信任度下降到了低点,这对我国食品产业造成了较大的影响,也使得很多注重食品安全的企业得不到应有的溢价,从而没有提升食品质量安全水平的积极性。

四、十八届三中全会食品安全治理趋向

"十八大"后,我国经济社会体制开始了新一轮的改革,十八届三中全会通过的《中共中央关于全面深化改革若干重大问题的决定》(下文简称《决定》),在某种程度上反映了新一届政府未来一段时间内的施政理念。《决定》对食品安全问题亦非常关注,从中我们可以了解到我国食品安全治理的基本趋向。

(一)关于食品安全治理内容的明确表述

《决定》对食品安全问题的具体表述主要出现在"推进法治中国建设"部分以及"创新社会治理体制"部分。

在"推进法治中国建设"部分第(31)条中,《决定》明确指出:"整合执法主体,相对集中执法权,推进综合执法,着力解决权责交叉、多头执法问题,建立权责统一、权威高效的行政执法体制。减少行政执法层级,加强食品药品……重点领域基层执法力量。"从中可以看出:首先,《决定》将食品安全问题置于"法治中国建设"部分,反映了政府对食品安全问题的正视与担当,将加强监管作为治理食品安全的对策方略之一;其次,针对前期食品安全监管执法中"多龙治水"的现象,进一步改革监管机构,整合监管资源,明确监管责任,树立监管权威,将是我国食品安全体制改革的重点之一;最后,针对基层监管力量薄弱的现实,减少监管层级,加强基层监管力量,使监管资源前移与下沉也是未来具体监管改革的方向之一。

在"创新社会治理体制"部分第(50)条中,《决定》指出:"健全公共安全体系。

完善统一权威的食品药品安全监管机构,建立最严格的覆盖全过程的监管制度,建立食品原产地可追溯制度和质量标识制度,保障食品药品安全。"从中可以看出:在定位方面,《决定》将食品安全置于公共安全中的首要地位,可见,新一届政府对食品安全问题非常重视;在总体要求上,《决定》提出要建立最严格的覆盖全过程的监管制度,"最严格"体现了政府治理食品安全的决心与态度,"全程监管"则认识到了食品安全治理的特点,必须做到监管的无缝化;在具体措施方面,《决定》主要提出了两条:一是建立食品原产地可追溯制度,食品安全问题的产生主要源于信息不对称,给生产者提供了道德风险空间,可追溯制度不但可以在一定程度上克服行为主体的机会主义倾向,而且对于食品安全的应急管理、责任归因都有着重要的作用,因此,在前期试点与探索的基础上,未来我国或将全面实施食品原产地可追溯制度;二是建立质量标识制度,政府须以强制力量保证食品安全底线,但在食品质量等级方面,通过质量标识制度鼓励有条件的企业提高企业食品标准,并将这一信息传递给消费者,让消费者有充分的知情权与选择权。

《决定》中两处对食品安全治理的明确表述,既反映了我国食品安全监管体制改革的主要方向,又指出了食品安全保障的重点方略,同时还可以看出政府对食品安全问题的高度关注,已将食品安全问题置于责任范畴与施政主要议题之一。

(二)可与食品安全治理相关联的改革趋向

从《决定》对食品安全问题的明确表述中,我们可以直接了解到未来我国政府关于食品安全治理的基本方向,但食品安全的治理体现在多个层面,综合性的《决定》不可能对某一问题做太多的表述。《决定》中对未来施政理念与措施的说明,也会在一定程度上影响政府对食品安全的治理措施,从对其他部分的分析中,我们可以获得我国食品安全治理走向的更多信息。粗略来看,我们归纳出了以下可与食品安全保障相关的内容(见表4—2)。

在第一部分"全面深化改革的重大意义和指导思想"的第(2)条中,《决定》指出,"改革的总目标是完善和发展中国特色社会主义制度,推进国家治理体系和治理能力现代化",并指明,"改革以促进社会公平正义、增进人民福祉为出发点和落脚点"。而对食品安全的治理,体现了国家的治理水平和能力。近年来,我国民众对食品安全水平的不满甚至影响了对政府能力的认同,因此,提升食品安全水平,增进人民福祉,亦是此次改革的诉求之一。

在第三部分"加快完善现代市场体系"第(9)条中,《决定》提出"建立健全社会征信体系,褒扬诚信,惩戒失信"。我国食品安全问题的产生,很大程度上缘于相关主体的诚信缺失,而在信息不对称条件下,这种缺失又不能被市场所充分识别。因此,要提升食品安全水平,不仅要靠政府的监管与惩处,更应该建立相应甄别机制,充分发挥市场的作用,以市场力量激励企业注重食品安全,最终达到激励相容的条件。因此,建立并完善食品企业诚信体制将是未来食品安全治理的重要手段之一。

在《决定》第四部分"加快转变政府职能"中,也存在多处与食品安全治理相关的改革思路。首先,在第(14)条中提到,纠正单纯以经济增长速度评定政绩的偏向,更加重视人民健康状况。对于食品安全问题来说,由于涉及食品产业发展,很多地方政府为了保护当地产业,追求经济发展,往往在检查过程中即便了解到企业存在问题,也不忍做出应有的处罚。因此,改革对地方政府的考核方式,将食品安全纳入政绩考核已成为食品安全治理的重要内容。[①] 可以预见,《决定》的这一表述,将使这一政策得以具体落实。其次,《决定》在第(15)条中指出,"政府要加强发展战略、规划、政策、标准等制定和实施,加强市场活动监管",转变政府职能,要求政府有所为、有所不为,但对于涉及公众康健的食品产业,政府必须设定底线,加强标准的制定,食品安全标准的责任主体在政府,政府将进一步对食品安全标准进行梳理与补充。最后,在第(16)条中,《决定》提出,"完善决策权、执行权、监督权既相互制约又相互协调的行政运行机制",在食品安全治理过程中,往往决策、执行与评估为同一机构,这就影响了决策的独立性,并影响了决策的执行效率。英国疯牛病危机后,为提高食品安全治理能力,英国政府于2000年成立了相对独立集中的监管机构——英国食品标准局,该机构最大的特点就是独立、透明,以及决策过程中的消费者参与,其在食品安全的标准制定、警示以及管理过程中,尽量避免政治因素的干预,从而使决策更加客观与科学。今后我国在食品安全监管过程中或将更多地考虑标准制定、风险评估、具体执行以及考核的相对独立。

《决定》第六部分"健全城乡发展一体化体制机制"中提出,要"完善农业保险制度"。农业是食品安全保障的源头,农产品质量安全问题的产生,很大程度上缘于农户对农药等外源投入物质的过度依赖,而过度依赖主要的原因之一在于农户对收入风险的规避心理。因此,建立农业保险,可以在一定程度上弱化农户生产中对相应投入品的心理依赖,从而提升农产品质量安全水平。另外,《决定》在第十四部分"加快生态文明制度建设"中提出,"建设生态文明,必须建立系统完整的生态文明制度体系,实行最严格的源头保护制度"。农业的面源污染,已成为影响农产品质量安全的重要因素,生态文明制度的建设,对环境的治理,将对农产品质量安全的改善有积极的影响。

在第八部分"加强社会主义民主政治制度建设"的第(28)条中提出,"以经济社

[①] 2012年国务院出台的《关于进一步加强食品安全工作的决定》中,已明确指出将食品安全状况纳入地方政府政绩考核。

会发展重大问题和涉及群众切身利益的实际问题为内容,在全社会开展广泛协商,坚持协商于决策之前和决策实施之中"。食品安全是涉及群众切身利益的实际问题,但以往我国在食品安全治理过程中,相关主体的参与度并不高,而从发达国家的治理经验来看,美国在食品安全法律、标准制定过程中,需要经过多轮论证、多方广泛参与,各利益代表,包括消费者组织、食品行业组织都有发言权,英国食品标准局在政策讨论时,亦非常注重消费者代表的参与,日本的消费者组织更是食品安全管理的重要力量,但在我国,政策的出台往往来自监管行政部门,特别是很多"救火式"的政策没有充分考虑到实施条件,常规政策的出台也缺少相关团体、消费者代表的理性参与。因此,未来在食品安全治理过程中,或将更多地考虑社会力量的参与。

在第九部分"推进法治中国建设"中,《决定》除对食品安全执法体系改革作了明确的表述外,还提出了对行政执法的监督,落实行政执法责任制。食品安全执法人员的不作为甚至以身试法现象在我国时有发生。因此,加强对执法人员的监管与问责,可以有效提升食品安全的监管效能,也是我国未来食品安全治理的关注点之一。

在第十一部分"推进文化体制机制创新"中,《决定》指出,要"健全坚持正确舆论导向的体制机制"。食品安全水平的提升,需发挥舆论的监督作用,但在新媒体快速发展的环境中,一些对食品安全的不实报道甚至错误报道,亦对民众的认知造成极大影响,甚至影响了民众对政府的不满、社会的稳定。政府已认知到舆论的两面性,今后在充分发挥舆论监督作用的同时,或将着重对食品安全舆论报道进行正确引导,并增加科学知识的供给。

在"创新社会治理体制"部分,《决定》除了从公共安全层面对食品安全治理进行明确规定外,亦指出,要改进社会治理方式,强化道德约束,规范社会行为。当前,我国人为性食品安全问题特别突出,食品安全的有效保障,除政府加强惩治、建立食品安全诚信体系外,还应从道德素养培养方面,促进相关主体树立正确的伦理价值观。

表 4—2　　　　　　　　《决定》中与食品安全治理相关联的内容

《决定》表述	所在部分	与食品安全保障关联	引申保障策略
改革的总目标是完善和发展中国特色社会主义制度,推进国家治理体系和治理能力现代化;以促进社会公平正义、增进人民福祉为出发点和落脚点	第一部分第(2)条	食品安全保障是国家治理能力的重要体现,其目标在于"增进人民福祉"	将食品安全保障置于行政治理核心内容之一

续表

《决定》表述	所在部分	与食品安全保障关联	引申保障策略
建立健全社会征信体系,褒扬诚信,惩戒失信	第三部分第(9)条	主体诚信缺失是造成我国食品安全问题的主因	完善食品安全诚信体系建设
纠正单纯以经济增长速度评定政绩的偏向,更加重视人民健康状况	第四部分第(14)条	地方政府存在保护产业发展、忽视食品安全现象	加大食品安全在政绩考核中的比重
政府要加强发展战略、规划、政策、标准等的制定和实施,加强市场活动监管	第四部分第(15)条	政府是食品安全标准制定的责任主体	加快食品安全标准的梳理与制定
完善决策权、执行权、监督权既相互制约又相互协调的行政运行机制	第四部分第(16)条	食品安全政策的决策、执行与评估往往为同一机构	食品安全的决策、执行与监督相分离
完善农业保险制度	第六部分第(22)条	农产品安全问题的产生部分缘于农户对风险的规避	推进农业保险,降低农户对外源物质的过度依赖
以经济社会发展重大问题和涉及群众切身利益的实际问题为内容,在全社会开展广泛协商,坚持协商于决策之前和决策实施之中	第八部分第(28)条	食品安全涉及群众切身利益,政策出台与实施应充分体现民众意愿	引入食品安全治理协商机制
加强对行政执法的监督,全面落实行政执法责任制	第九部分第(31)条	部分食品安全监管人员存在不作为现象	对食品安全监管人员考核监督
健全坚持正确舆论导向的体制机制,形成正面引导和依法管理相结合的网络舆论工作格局	第十一部分第(38)条	民众对食品安全存在诸多误解,舆论对于食品安全治理至关重要	规范食品安全舆论引导,加大科学信息供给
坚持综合治理,强化道德约束,规范社会行为,调节利益关系,协调社会关系,解决社会问题	第十三部分第(47)条	食品安全治理的重要手段在于强化道德约束	强化食品安全伦理约束
建设生态文明,必须建立系统完整的生态文明制度体系,实行最严格的源头保护制度	第十四部分引言	食品安全的源头之一来自农业污染	加强农业污染分析与治理

　　总体来看,十八届三中全会通过的《中共中央关于全面深化改革若干重大问题的决定》,可以说是我国未来一段时间内的施政纲领,是对"十八大"报告的具体化和深化,也是解决我国当前社会面临复杂问题、矛盾的基本方略。食品安全问题作为事关民生与社会稳定的重大问题,对其有效治理与保障亦是此次《决定》的重要议题之一。《决定》除在两处对食品安全保障作了明确陈述外,其他地方所体现的政府施政措施与理念,也是未来我国食品安全治理改革的主要依据。通过对《决定》的分析可以看出,食品安全治理已被置于施政的重要地位,未来我国将进一步

强化政府对食品安全治理的责任意识,充分发挥市场的激励功能,强化食品安全社会共治的格局。具体来看,一是将进一步对食品安全监管执行主体进行整合,克服多头监管弊端,建立相应的责任窗口;二是强化监管执行能力,特别是基层能力建设,并加强对食品安全治理的考核;三是充分应用现代技术手段,建立可追溯体系、质量识别体系,实现对食品安全的全程监管;四是通过建立食品安全诚信体系、完善农业保障制度等,发挥市场激励机制作用,引导主体自发合理决策;五是通过舆论监督、公共参与、伦理约束,提升食品安全主体的参与意识与道德素质。

五、本章小结

总体来看,我国食品安全保障体系随着社会、经济的发展而不断变迁演进,从新中国成立至今共经历了五个阶段,前三个阶段食品安全保障体系的变革主要源于对主体制度的适应性调整,而后两次变革则源于外界压力下的主动调整。虽然食品安全的保障并不能完全依靠监管制度,还受到产业发展水平、社会文化等因素的影响,发达国家也曾经历过食品安全问题事件多发的阶段,并且,由于环境、科学的不确定性及人类行为的复杂性,即便社会发展到较高阶段,食品安全问题也很难完全解决,但合理的制度仍可以大大降低食品安全问题发生的概率,以更快的速度缩小食品安全保障需求与监管能力之间的差距。当前我国食品安全保障措施已呈现多样化,从法律标准、监管措施、监管技术等不同层面保障我国的食品安全,但面对复杂的环境,我国食品安全的保障依然存在较大的困境。党的十八届三中全会再一次对食品安全治理进行了部署,未来一段时间内,我国食品安全治理将更多地表现为集中监管、多方共治。总之,食品安全问题虽然是一种客观存在,但通过一系列主动或被动的制度调整,我国食品安全保障体系正逐步完善并适应产业环境,我国食品安全水平也将进一步提升并在一定程度上回应消费者的诉求,但可以预见,我国的食品安全保障体系还会随着治理环境的变化而动态调整与变迁。

第 5 章

基于社会福利函数的食品
安全规制水平选择分析

一、引言

食品安全的保障,首先应对保障的目标,即食品安全治理的"度"有一定的认知与把握。新中国成立后的较长一段时间内,由于当时人们的认知水平有限、食品工业尚不发达,加之温饱问题还未完全解决,食品安全问题并没有引起各界的足够重视,虽然国家也在不同时期出台了一些关于食品卫生的相关规定,但总体来看,当时的食品安全治理还处于较低水平。随着人们生活水平的提升,特别是进入新世纪以来食品安全问题的频繁曝光,使人们对食品安全的保障有了迫切显性诉求,由第 3 章分析可知,当前中国食品安全状况并不理想,消费者对保障现实满意度不高,在此背景下,完善国内食品安全保障体系,通过监管与激励促使相关主体提升食品安全水平已成为全社会的共识。但如果将食品安全与食品质量相联系,或者将食品安全状况看作一种风险概率,则食品安全还存在一个"度"的问题,如食品安全标准的制定,既可以严格,也可以放松。食品安全保障与规制水平的选择,经常成为食品安全治理过程中争论的焦点,如国内外关于农产品检测指标问题的争论等,特别是 2012 年关于乳业标准之争,引起了国人的广泛关注,社会上也因此出现了不同的声音,部分民众认为食品安全标准应向发达国家看齐,甚至越高越好,但生产者或有些学者却有不同的看法。而从不同国家的比较来看,各国对食品安全的保障与规制目标诉求也存在较大的差异,不同国家往往对食品安全标准的要求并不一致。理论上讲,食品安全目标水平不但会对生产者操作行为、生产成本造成一定的影响,而且也会对消费者的支付、购买行为造成影响。因此,对食品安全目标水平的选择,应进行必要的研究与系统的思考。

对食品安全保障目标水平的经济学研究,主要集中在消费者支付意愿(Ortega et al.,2011)、成本收益对比(Antle,2000)、社会福利影响(马琳、顾海英,2011)等领域,而在食品安全规制目标水平的福利效应研究方面,又主要集中在两个层面:第一个层面主要讨论的是要不要规制的问题,研究的方法主要采用信息经济学、均衡分析等,研究的一般结论为,由于食品自身信任品的属性,导致消费者难以对其安全信息进行识别,从而产生了信息不对称,生产者基于自身利益考虑,往往存在道德风险倾向,使消费者的福利受到影响,在这种状态下,政府规制的目的在于消除信息不对称,保证食品市场的有效性,实现交易中的帕累托均衡(Ménard and Klein,2004);第二个层面主要讨论的是规制目标的度的问题,即承认了规制可以提高社会福利,但食品安全保障目标应在何种水平上才是合理的,研究的主要方法有成本收益法、支付意愿法或疾病成本法等(Ragona and Mazzocchi,2008),这一层面的研究目前已经成为食品安全规制福利效应研究的主导。本章亦立足于对第二个层面进行探讨,即假设食品市场是有效的,社会决策者如何选择食品安全目标水平(如食品的安全标准水平),才是符合社会福利最大化诉求的,本章将从不同社会福利函数形式层面对这一问题进行讨论。

二、基于功利主义社会福利函数形式的分析

基于理性人的合理假设,消费者对降低食品安全风险的诉求存在不饱和性,对政府的规制政策也大都持支持态度。但现实状况是食品安全目标水平的提高往往会增加食品生产企业的成本,在不考虑企业败德行为的条件下,在充分、完善市场中,增加的成本势必会传导到食品的最终价格上,使价格上升,而理性消费者的效用又是价格的减函数。因此,从整个社会层面来看,如果同时考虑食品安全风险与价格两个变量的话,基于效用最大化考虑,消费者将会对食品安全的目标水平有不同的偏好。在消费者效用为序数形式,且人际方面不可比较的假设下,很难对不同食品安全目标水平下的社会福利进行比较(Vickrey,1960)。为了对不同状态下的社会福利进行比较,传统的假设以个体福利函数为基数形式,效用的增量对于个人是有益的,并且可在个体间进行比较。基于此,最常见的社会福利函数假设为功利主义形式,即 $U=\sum_{i=1}^{N}u^i$,社会总体福利为个体福利的简单几何加总。本部分基于功利主义社会福利函数形式,讨论最优的食品安全目标水平。

(一)消费者效用函数的假设

由于消费者购买食品的支出在其全部支出中的比重较小,同时为了便于进行福利分析,可以假设消费者的效用函数是拟线性的(侯守礼,2005),即: $U_i=u(x)+y$。消费者消费单位食品的效用主要受到两部分影响,分别为消费单位食品的基础效用 u 和由于承担食品的安全风险而使效用受到影响的 $r(\theta)$。其中, θ 为目标规制水平, $\frac{\partial r}{\partial \theta}<0$,即食品安全风险随着目标水平的提升而降低,同时,消费者在购

买单位食品时,将支付价格 $p(\theta)$,p 为 θ 的函数,$\frac{\partial p}{\partial \theta}>0$,即价格随着规制水平的增加而增加。假设食品安全风险、单位食品价格与食品安全目标水平的关系分别为:$r(\theta)=\frac{\lambda}{\theta}$,$p(\theta)=\delta\theta^2$,其中 λ、δ 为调整系数。

前人的研究表明,消费者对食品安全的支付意愿往往与收入成正比(罗丞,2010),并且,收入越高越能承受相对较高的食品价格(王志刚,2003)。也就是说,食品安全风险对消费者效用的影响程度与收入成正比,价格对消费者效用的影响与收入成反比,即收入越高,对风险越敏感,对价格越不敏感。根据这一研究结论,在此假设个体消费者在购买并消费食品时,其效用函数的具体形式为:

$$U_i=u(x)+y=u-\alpha y_i\frac{\lambda}{\theta}-\beta\frac{\delta\theta^2}{y_i} \qquad (5-1)$$

s.t. $\quad p\leqslant y_i \quad r\leqslant \bar{r}$

式中,y_i 为消费者收入水平,α 和 β 分别为调整系数。约束条件表明,食品价格 p 要小于等于消费者的收入 y_i,食品安全风险 r 也不能超过一定的水平。在此效用函数形式下,对于个体消费者来说,存在一个最优的食品安全目标水平,使消费者的效用达到最大,如图 5-1 所示。

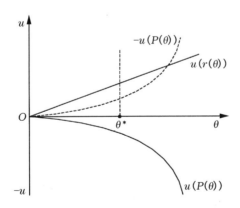

图 5-1 食品安全目标水平与消费者效用

基于功利主义社会福利函数形式的假定,社会福利 U 可以表示为个体效用在总体收入分布上的积分,即:

$$U=\int u(p(\theta),r(\theta))f(y)dy=\int\left[u-\alpha y_i\frac{\lambda}{\theta}-\beta\frac{\delta\theta^2}{y_i}\right]f(y)dy \qquad (5-2)$$

s.t. $\quad p\leqslant y_i \quad r\leqslant \bar{r}$

式中,$f(y)$ 为消费者收入分布的密度函数。

(二)功利主义社会福利函数下的目标水平

从式(5—2)可以看出,社会福利水平不仅受到食品安全保障目标水平的影响,而且与消费者的收入分布有关。假设全社会消费者的收入满足 $y_i \in [a,b]$,且 $a > p$,并假设风险水平 r 满足 $r < \bar{r}$。[①] 现实中,不同国家的国民收入分布存在多样性,但可以归纳为四种基本状态,即收入服从均匀分布的社会、中等收入者居多的社会、低收入者居多的社会和高收入阶层占主导的社会。基于研究的便利性考虑,首先假设社会处于国民收入呈均匀分布的状态,此时,社会期望效用(福利)函数为:

$$U = \int_a^b \left[u - \alpha y_i \frac{\lambda}{\theta} - \beta \frac{\delta\theta^2}{y_i} \right] \frac{1}{b-a} dy$$

$$= u - \frac{1}{2}\beta(b+a) \frac{\lambda}{\theta} - \frac{1}{b-a} \ln \frac{b}{a} \delta\theta^2 \tag{5—3}$$

对式(5—3)求导,由 $\frac{\partial U}{\partial \theta} = 0$,得 $\frac{1}{2}\beta(a+b) \frac{\lambda}{\theta^2} = \frac{2\alpha\delta}{b-a} \ln \frac{b}{a} \theta$,即:

$$\theta^* = \left[\frac{1}{4\alpha\delta} \beta\lambda(a+b)(b-a)\ln \frac{a}{b} \right]^{\frac{1}{3}} \tag{5—4}$$

θ^* 即为满足社会福利最大化的最优食品安全目标水平。

中等收入居多的社会可以用正态分布来表示国民收入状况,由于正态分布与均匀分布都具有对称性特征,因此,此种社会对最优食品安全目标水平的要求与收入呈均匀分布的社会具有一定的相似性,在此不另做单独讨论。当社会处于富裕阶层主导型或贫穷阶层主导型的状态时,为研究的便利性,在此假设其国民收入分布为分段函数,具体形式为:

$$f(y) = \begin{cases} x, & a \leqslant y < \dfrac{a+b}{2} \\ \dfrac{2}{b-a} - x, & \dfrac{a+b}{2} \leqslant y \leqslant b \end{cases} \tag{5—5}$$

从式(5—5)可以看出,收入水平满足 $y \in [a, \dfrac{a+b}{2})$ 的消费者群体,其分布函数的概率密度为 $f(y) = x$;而收入水平满足 $y \in [\dfrac{a+b}{2}, b]$ 的消费者群体,其分布函数的概率密度为 $f(y) = \dfrac{2}{b-a} - x$,并且,当 $x > \dfrac{1}{b-a}$ 时,代表社会状态为贫困主导型,当 $0 < x < \dfrac{1}{b-a}$ 时,代表社会状态为富裕主导型。此时,社会总体福利函数为:

---

① 现实中,价格约束与风险约束的限制是非常弱的,本章接下来的研究将假设这种约束自然成立。

$$U = \int u(p(\theta), r(\theta)) f(y) dy$$

$$= \int \left[u - \alpha y_i \frac{\lambda}{\theta} - \beta \frac{\delta \theta^2}{y_i} \right] f(y) dy$$

$$= u - \frac{1}{4} a \frac{\lambda}{\theta} [(b-a)^2 x - 3b - a] - \beta \delta \theta^2 \left[\left(\frac{2}{b-a} - x \right) \ln \frac{2b}{a+b} + x \ln \frac{a+b}{2a} \right]$$

$$\tag{5-6}$$

令 $\eta = (b-a)^2 x - 3b - a, \kappa = \left(\frac{2}{b-a} - x \right) \ln \frac{2b}{a+b} + x \ln \frac{a+b}{2a}$，则当 U 取得最

大值时，θ 满足：

$$\theta^*(x) = \frac{1}{2} \left[\frac{\alpha \lambda \eta}{\beta \delta \kappa} \right]^{\frac{1}{3}} \tag{5-7}$$

θ^* 即为当社会处于富裕阶层主导型或贫穷阶层主导型状态时，最优食品安全
目标水平的表达式。由式(5-7)可以看出，食品安全最优目标水平是收入分布影

响因子 x 的函数，并且可以证明 $\frac{\partial \theta^*(x)}{\partial x} < 0$，即随着 x 值的增加，食品安全最优目

标水平将下降，当 $x = \frac{1}{b-a}$ 时，式(5-7)退化为式(5-4)。也就是说，对于富裕阶

层主导型社会，由于 $x < \frac{1}{b-a}$，最优的食品安全目标水平较高，且高于由式(5-4)

代表的国民收入为均匀分布社会时的最优目标水平，而对于贫困阶层主导型社会，

由于 $x > \frac{1}{b-a}$，最优的食品安全目标水平较低，且低于收入均匀分布型社会下的最

优食品安全目标水平(如图 5-2 所示)。另外，由式(5-4)、(5-7)还可以看出，在

消费者贫富势差一定的情况下，即当 $b-a$ 与 $\frac{a}{b}$ 固定时，食品安全最优目标水平 θ^*

与 $a+b$ 成正比。也就是说，富国的最优食品安全目标水平应高于穷国，这在一定
程度上解释了当前各国食品安全规制目标水平存在差异的现象，并且一般来说，发
达国家的食品安全保障目标水平要高于发展中国家。

三、伦理、社会福利与食品安全目标水平

实现中对食品安全目标水平选择时，另两种形式的社会福利函数形式不能被
忽视，即精英者社会福利函数与罗尔斯社会福利函数。以此两种社会福利函数作
为政策依据，则食品安全目标水平会存在过高或过低的倾向。

(一)精英者社会福利函数下的目标水平选择

精英者社会福利函数遵循以精英阶层，即社会富裕阶层的福利为社会福利目

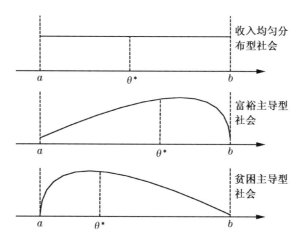

图5—2   社会收入分布与食品安全目标水平

标,具体形式为:$W=\max[u^1,\cdots,u^N]$。这种社会福利函数形式虽然有悖于基本的伦理准则,但由于精英者的社会地位较高,掌握着一定的权力,对社会选择的影响较大,且精英者社会福利函数具有一定的激励功效(赵志君,2011),因此,现实中以精英者福利作为社会福利追求的情形并不罕见。在食品安全目标水平的选择中,精英消费者对于安全风险较为敏感,其效用将在更大程度上随着食品安全保障目标水平的提高而增加,倾向于强化食品安全规制。以农产品为例,精英消费者更倾向于支持原生态的生产模式,以确保食品的营养与安全,例如在西方发达国家,在精英者的诉求下,集约化的以产量为目标的生产主义农业,已有被更加注重生态与安全的后生产主义农业所替代的趋向,农业补贴政策也转向鼓励这一转变(王常伟、顾海英,2013)。在中国,从社会层面按精英者社会福利函数形式进行食品安全规制虽然并不常见,但精英阶层却经常通过把中国食品安全保障标准与国外发达国家保障标准相对比,进而提出符合其阶层效用最大化的政策建议,作为社会福利最大化政策的选择加以宣扬。另外,在难以影响社会食品安全保障标准时,高安全标准的食品特供成为精英者的一种替代选择。

(二)罗尔斯社会福利函数下的目标水平选择

一个理想的社会不但应该是公正的,而且还应该是讲求伦理的,对社会福利函数的选择,也应该纳入伦理性的约束。其中,比较普遍的两个伦理约束为:首先,匿名性,在匿名性的要求下,假设 $\bar{u}$ 是一个 n 维效用向量,并且设 $\hat{u}$ 是在 $\bar{u}$ 的一些元素交换之后从 $\bar{u}$ 中获得的另外一个向量,那么,社会福利 W 将满足 $W(\bar{u})=W(\hat{u})$,即人们应该被系统看待,社会的排序不应当依赖于所涉及的个人身份,而应只依存于其福利水平;其次,哈蒙德平等性,设 $\overline{u}$ 与 $\hat{u}$ 是两个不同的 n 维效用向量,并且除了 i 和 j 之外的所有 $k,\overline{u}^k=\hat{u}^k$。如果 $\hat{u}^i>\overline{u}^i>\overline{u}^j>\hat{u}^j$,那么 $W(\overline{u})>W(\hat{u})$,即社会具有一种倾向于减少个人间效用差别的偏好(杰弗瑞,2002)。在此条件约束下,假设效用水平是有意义的并且可在个人间进行比较,罗尔斯(1971)证明,当且仅当社会福利函数满足 $W=\min[u^1,\cdots,u^N]$ 的形式,对于可应用于每个人的效用函数的任意但共同的正转换,状态的社会排序必定是不变的,且满足匿名性与哈蒙德平等性的伦理约束(杰弗瑞,2002)。由罗尔斯社会福利函数的形式可以看出,社会最劣处境成员的福利水平应当指导社会决策。由于低收入者处于社会的弱势地位,因此,按照罗尔斯社会福利函数形式,食品安全的目标水平应当主要参照低收入者的诉求来制定。由于收入越低,消费者对给定的安全风险越不敏感,而对价格越敏感,因此,食品安全最优目标水平应低于功利主义社会福利函数形式下的最优目标水平 θ^*。现实中,按照罗尔斯社会福利函数形式进行的社会决策较为普遍,特别是对于粮食、蔬菜等缺少需求弹性的生活必需品,政府往往基于低收入群体福利考虑,放松规制力度,以避免由于食品安全目标水平的提升而造成食品价格上升,从而降低了低收入群体的福利水平。这一考量的结果最终造成了食品安全目标水平的放松。[①]

四、食品安全目标水平的选择与福利优化

功利主义社会福利函数缺乏伦理的考量,精英者社会福利函数更有利于少数精英群体,罗尔斯社会福利函数虽然满足了匿名性与哈蒙德平等性的伦理约束,但很容易引起这样的疑问:难道食品安全的低水平规制是符合社会福利的吗?这似乎与直觉存在一定的矛盾,基于社会福利最大化的诉求,对食品安全目标水平的选择,必然还有其他因素需要考虑。

(一)影响食品安全目标水平选择因素的再思考

首先,基于健康权的讨论。在现代社会,每位消费者都有维护自身健康的权利,同样,获取安全的食品是现代社会中每位成员的基本权利,不应过分地受到其经济基础的影响。食品作为一种基础而又特殊的物品,关乎人们的生存与健康,在社会发展的低级阶段,特别是温饱问题没有得到很好解决的时期,食品甚至是人类活动的中心主题,资源的稀缺必然需要相应的机制进行协调分配,价格作为一种高效的分配机制便成为配置食品的最主要选择,此时,经济属性占据了食品的基本内

---

① 这一点在对生产者的规制决策中也有所体现,如目前中国很难对农户生产、养殖行为进行规制,一个很重要的原因就在于农民属于弱势群体。

涵。但随着社会的发展,当食品支付在社会收入中占据较小的比重时,社会属性、公共属性逐渐进入食品的内涵,获取充足、安全的基础食品已成为较为发达国家社会成员生存权的重要体现。因此,从食品的社会属性、公共属性视角来讲,为社会成员提供安全低风险的食品是社会决策者的责任,社会决策者必须通过有力的规制保障食品安全。

其次,基于消费者认知的讨论。低收入者之所以表现出对食品安全风险的重视程度较高收入者低,认知有限是一个很重要的原因。很多研究表明,消费者对食品安全的支付与收入正相关,即收入越高的人越重视食品安全。基于此,在消费者效用函数中,食品安全风险对高收入者的影响更加明显,这也是前文分析的假设。[①]而这往往忽视了这样一个现实,即高收入者往往知识水平更高,能力更强,一般具有更多关于食品安全的知识,对食品安全的认知也更加充分。也就是说,关于收入对消费者食品安全风险效用影响的判断,在一定程度上是在食品安全信息供给不均衡的条件下做出的,即安全风险对低收入者效用影响的一般判定存在一定的向下偏误。因此,在消费者对食品安全影响信息获取相等的假设条件下,合理的推论是低收入者将对食品安全风险赋予更高的效用,可以进一步得出,低收入者对食品安全最优目标水平的选择也将有所提高。

基于以上讨论,对带来社会福利最大化的食品安全目标水平的选择,并不能完全建立在功利主义社会福利函数、精英者社会福利函数,或是罗尔斯社会福利函数的基础上,而应综合考虑消费者的诉求、伦理约束、消费者的健康权及消费者对食品安全的认知等因素。

(二)基于转移支付政策的食品安全目标水平

基于食品安全的社会属性、消费者的健康权及消费者对食品安全认知局限性的考虑,政府应在功利主义社会福利函数形式下的最优目标水平基础上,进一步提高食品安全的目标水平,但目标水平的提高,虽然可以使高收入阶层的福利得到改善,但低收入者的福利则将会有所降低,特别是基于伦理的考虑,罗尔斯社会福利函数表明,当低收入者福利下降时,整个社会的福利也将随之下降。为了解决这一矛盾,政府可以考虑引入再分配机制,通过税收及补贴进行转移支付[②],从而实现食品安全目标水平的提高,达到社会福利改善的目的。

在功利主义社会福利函数形式下,假设存在两个消费者,其收入分别为$\frac{n}{2}$和

①　一般来说,这一假设实质上是没有问题的,但在"度"上会有所夸大。
②　转移支付的形式可以是多样的,如低收入者食品保障计划等。

$\frac{3n}{2}$，根据式(5-1)式，两者分别消费规制水平为 θ 的单位食品效用之和为：

$$U=U_1+U_2=2u-2n\lambda\,\frac{1}{\theta}-8\beta\delta\theta^2\,\frac{1}{3n} \tag{5-8}$$

当在两者之间实施转移支付政策时，为计算的便利性，假设转移支付后两者的收入相等，均为 n，则两者分别消费规制水平为 θ 的单位食品效用之和变为：

$$U'=U_1'+U_2'=2u-2n\alpha\lambda\,\frac{1}{\theta}-2\beta\delta\theta^2\,\frac{1}{n} \tag{5-9}$$

由式(5-8)、式(5-9)容易证明 $U'>U$。因此，在功利主义社会福利函数形式的假设下，通过转移支付政策的实施，可以实现社会总福利水平的提升。另一个问题是通过转移支付后，最优的食品安全目标水平如何变化。由前文对功利主义社会福利函数形式下食品安全目标水平的分析可知，社会收入趋于平均时，相对于贫困主导型的社会，最优目标水平将上升，而相对于富裕主导型的社会，最优目标水平将下降。由于现实中的转移支付远非财富的平均化，而是将富人的少量收入以税收形式转移给穷人，一方面，少量的富人可以补贴相对较多的穷人，另一方面，对穷人来说，货币边际效用的增加要大于富人货币边际效用的减少，因此，在对穷人补贴的政策下，食品安全最优目标水平的变化将受到穷人效用变化的主导，即实施补贴政策后的最优食品安全目标水平将上升。所以，在功利主义社会福利函数形式下，对穷人实施补贴，不但提高了食品安全的最优目标水平，而且改善了社会福利。

在罗尔斯社会福利函数形式下，假设其加入收入的效用函数形式为：

$$\overline{U}_i=u(x)+y=u-\alpha y_i\frac{\lambda}{\theta}-\beta\frac{\delta\theta^2}{y_i}+y_i \tag{5-10}$$

同时假设消费者的食品支出只占总收入的较小比重，因此，$y_i>u$，而又由于消费者消费食品的效用必然要大于零，因此有 $y_i>u>\alpha y_i\frac{\lambda}{\theta}$，可以得出 $y_i>\alpha y_i\frac{\lambda}{\theta}$，即 $\alpha\frac{\lambda}{\theta}<1$，所以可得：

$$\frac{\partial\overline{U}_i}{\partial y_i}=-a\,\frac{\lambda}{\theta}+\beta\delta\theta^2\,\frac{1}{y^2}+1>0$$

因此，低收入消费者的效用 $\overline{U}_i$ 随着补贴的增加而增加，进而社会福利水平也将随之得到改善。而对于最优目标水平来说，由 $\frac{\partial U_i}{\partial\theta}=\frac{\alpha\lambda y_i}{\theta^2}-\frac{2\beta\delta\theta}{y_i}=0$，可以得出 $\theta^*=\left[\frac{\alpha\lambda y_i^2}{2\beta\delta}\right]^{\frac{1}{3}}$，即最优规制水平 θ^* 随着收入 y_i 的增加而增加。因此，在罗尔斯

社会福利函数形式的假设下,对穷人的补贴也会提高食品安全的最优目标水平,并且改善社会福利水平。

（三）目标水平选择

基于以上分析可以得出,通过对社会低收入阶层的补贴,社会福利将得到改善,同时,食品安全的最优目标水平也将出现一定的变化。假设罗尔斯社会福利函数形式下的食品安全最优目标水平为 θ_1、功利主义社会福利函数形式下的最优目标水平为 θ_2、精英者社会福利函数形式下的最优目标水平为 θ_3,则通过对低收入消费者补贴后,本研究所主张的食品安全最优目标水平为 θ^*,它们之间的关系可以用图 5-3 来表示,即 $\theta_1 < \theta_2 < \theta^* < \theta_3$。

图 5-3　食品安全最优目标水平

五、本章小结

本章从社会福利视角对食品安全目标水平的选择进行了一定的探讨。基于功利主义社会福利函数形式分析,食品安全的最优目标水平受到整体国民收入水平及消费者收入分布的影响,当国民收入水平整体较高时,倾向于提高食品安全目标水平,并且,富裕主导型社会的食品安全最优目标水平大于贫困主导型社会的最优目标水平。但在功利主义社会福利函数形式下,消费者效用的简单加总忽视了社会个体之间的差别。现实中,食品安全目标水平的选择还受到精英者社会福利函数形式与罗尔斯社会福利函数形式的影响。精英者社会福利函数形式以精英者的福利作为社会追求的目标,存在一定的正向激励,但缺乏对弱势群体的关注。另外,功利主义与精英者的社会福利函数形式均缺乏对食品安全规制过程中伦理的考虑。罗尔斯社会福利函数虽然符合匿名性与哈蒙德平等性的伦理准则,但其以低收入者福利作为社会福利选择的要求,倾向于放松对食品安全的规制,这在一定程度上与直觉相矛盾。食品安全目标水平的选择,不但要考虑消费者诉求、伦理约束,还要考虑消费者的健康权与低收入者认知的局限性,这又倾向于提高食品安全的目标水平。而通过实施对低收入者的食品或收入的补贴政策,无论在功利主义社会福利函数形式下,还是在罗尔斯社会福利函数形式下,最优食品安全目标水平都将会有所提高,同时也在一定程度上考虑了伦理约束,保证了消费者的健康权,改善了社会福利。在对穷人补贴的政策下,满足社会福利最大化的最优食品安全目标水平,落在了功利主义社会福利函数形式下最优食品安全目标水平,与精英者社会福利函数形式下最优目标水平之间。

　　本章的研究揭示:首先,食品安全目标水平的选择并不是多数人福利诉求的简单加总,还应考虑到食品作为基础公共品的内涵以及中国消费者关于食品安全的有限认知,因此,应适度提高食品安全目标水平;另外,尽管目前中国食品安全形势严峻,加强食品安全规制、提高食品安全目标水平已成为社会普遍期待,政府也正朝着这一方向努力,但由于食品安全目标水平的选择会产生一定的系统效应,因此,从社会福利视角来看,合理的食品安全目标水平虽应有所加强,但亦不能盲目过高。另外,本章研究立意,对食品安全保障目标"度"的把握,与政府所提"实施最严格的监管"的政策理念并不矛盾①,保障目标水平的选择是标准与政策制度甚至是法规层面的问题,而严格监管是对既有标准与法律执行层面的问题,食品安全目标水平应有"度"的把握,而一旦形成制度或标准法规,则应实施最严格的监管执行,这样才能回应食品安全目标水平"度"的选择。总之,只有对食品安全目标水平有了合理的把握,严格的监管与治理才有了目标方向。

----

　　① 　见十八届三中全会对食品安全问题的表述。

第 6 章

市场信念、行业波及与企业食品安全决策

一、引言

　　食品质量安全已成为全球重要的议题,但之于我国,又显得尤为突出。一方面,前期对经济目标的过度追求导致我国食品产业粗放发展,不但业态复杂而且诸多人为性败德行为业已成为行业潜规则;另一方面,经济水平的提升加之新媒体的发展,使消费者更容易接收到各类信息,对食品安全有了更高的诉求,我国食品质量安全供给与诉求之间的巨大差距,造成了民众的极大不满,因此,提升食品质量安全水平、恢复消费者信心也就成为我国目前面临的重要命题。大致来看,促使食品供给者提升食品安全水平的力量可以来自政府的强力惩罚、社会道德伦理的约束或是来自市场力量的驱动。不可否认,在败德行为还是导致我国食品安全问题重要原因的情形下,强力惩罚是改善我国食品安全状况非常必要的措施,但面对我国食品产业现实环境,要真正做到监管无死角、惩治有威力还存在较大难度且需耗用较多资源。另外,社会道德伦理约束是一个社会文明长期进步的结果,这一软约束短期内的效果有限。因此,提升我国食品安全水平,仅靠以上两种力量还是不够的,食品安全的治理,还需充分发挥市场的作用,通过合理的机制设计影响食品供给者的质量选择行为。

　　食品安全问题的产生,很大程度上缘于信息不对称,市场激励机制的完善,需深入了解食品企业的内在诉求,这便引发了对信息不对称条件下食品企业质量决策机理研究的必要性。基于追逐利润的理性假设,信息不对称条件下食品企业一方面存在道德风险动机,另一方面也可以创造信号机制表明自身食品质量安全水平,从而实现更高的溢价。从市场层面来看,企业改善食品质量安全水平的动力,主要来自市场对企业食品质量的认可与溢价支付,而在信息不对称条件下,消费者很难获取食品质量安全水平的真实信息,企业食品质量安全水平更多地表现为一种主观认知,而从市场总体认知来看,企业食品质量安全水平可以理解为市场认为

食品是高质量安全水平的概率,即市场信念。信息不对称条件下消费者关于企业食品质量安全水平的信念将影响其购买决策,进而影响企业食品质量安全水平的选择。

针对当前食品质量安全研究中关于市场信念对食品企业决策影响的深入探讨还不多,本章在不考虑政府监管的条件下,利用 Daughety 和 Reinganum(2008a)所创立的模型,考察了市场信念对企业食品质量安全水平决策的影响,并得出企业选择生产高质量安全水平食品的激励条件。研究结果表明,相对完全信息条件,信息不对称条件下市场对曝出食品质量安全问题企业食品质量信念修正的不彻底,以及问题信息对行业质量安全水平市场信念的波及效应,弱化了市场对问题企业的惩罚,从而导致企业选择生产高质量安全水平食品的激励不足。在多期经营模型中,市场对问题食品企业信念的快速恢复,同样阻碍了食品质量的改善。另外,考虑到行业波及效应,本章还得出一个与前人研究不同的结论,即竞争(食品的可替代程度)并不能改善企业对食品质量的关注,反而由于问题企业对行业信念的污染,阻碍了企业对提升食品质量安全水平的投入。在进一步的探讨中,本章从食品质量安全基础信念差异视角解释了我国与发达国家食品企业自律性不同的原因。本章的主要立意在于,立足消费者对食品质量安全水平信念的动态修正及食品安全问题特殊的行业波及效应,从理论层面较为细致地解释当前我国食品企业集体败德倾向的内在原因。

本章接下来的安排如下:在第二部分中,考虑到食品企业质量安全决策研究的前提在于信息不对称,因此首先对信息不对称条件下企业质量决策的研究进行简要回顾,并指出本研究与前人研究的主要区别;第三部分引入 Daughety 和 Reinganum(2008a)效用模型,在给出信息完全条件下食品企业决策基准的基础上,从静态和动态两个层面分析市场信念对食品企业质量安全水平选择的影响;第四部分对模型进行了一个延伸思考,即考察基础市场信念水平对消费者食品质量安全信念修正及行业波及效应的影响,并解释国内外食品企业自律性存在差异的原因;第五部分提供一个食品质量安全信念修正及行业波及效应的简单实证;第六部分为本章小结,并在研究结论的基础上给出政策含义。

二、研究回顾

关于一般产品质量的研究在一定程度上涵盖了食品质量安全的研究。信息不对称条件下产品质量问题的研究主要始于 Akerlof(1970),已有的文献大致可以分为对消费者购买影响层面的研究(Nelson,1970;Zeithaml,1988)、对企业生产决策影响层面的影响(Dubovik and Janssen,2012)、政府规制及市场机制设计层面(Au-

ray et al.,2011)的研究等。而关于信息不对称条件下企业质量决策的研究又可以
分为两条主线:一条表现为基于委托代理理论的企业内部管理者激励问题(Porte-
us,1986);另一条则是基于产业组织理论的以企业整体为研究对象的竞争与决策
问题(Nocke,2007)。关于企业产品质量内部激励的研究,主要是解决信息不对称
条件下委托人以何种机制促使代理人投入更多的质量改善努力,这一领域早期较
为经典的文章如 Fershtman 和 Judd(1987)以及 Sklivas(1987)等,之后研究逐步拓
展,考虑的条件也越来越复杂,如 Veldman 等(2013)基于伯川德博弈竞争模型考
察了过程改善的质量激励效果等。第二条主线主要研究的是市场环境中企业竞争
的最优质量反应问题。企业的质量反应一方面体现在企业生产决策中,另一方面,
由于信息不对称,还体现在质量信号发送机制策略中。信息不对称条件下市场的
主要特征表现为消费者对企业产品质量没有确切的信息,仅存在对产品质量水平
的主观认知,或认为产品是高质量的概率,即表现为一种产品质量信念。在当前经
济学研究中,主要考虑了企业可采取的两种手段,以应对信息不对称,一种为通过
可置信的渠道直接声明产品质量,另一种为采取相应行为向消费者发送信号以影
响消费者关于企业产品质量的信念(Daughety and Reinganum,2008b)。在质量揭
露成本较低的假设下,一般的研究结果表明,充分的质量信息公布是一种纳什均衡
(Grossman,1981)。总体来看,关于质量揭露的研究相对较少,而有关信号发送的
研究则相对较丰富,已有研究中涉及的产品质量信号主要有价格(Janssen and
Roy,2010)、广告(Milgrom and Roberts,1986)等。企业产品质量信号会影响消费
者对企业产品质量水平的信念,而市场对产品质量信念的认知又会反过来影响企
业初期的质量选择。因此,关于企业质量决策的研究除考虑企业自身的异质性外,
往往还会考虑市场竞争环境、市场信息的接收与反应等。信息经济学、博弈论等学
科的发展,为研究企业动态的质量决策提供了理论与方法基础。

　　近年来,随着社会对食品安全问题的关注,专门针对食品质量安全的经济学研
究也开始增多,但从研究深度来看,似乎并未超越对一般产品质量的研究,但更多
地融入了食品的特殊属性。需要指出的是,尽管食品质量与食品安全是两个非常
不同的概念,但由于相对其他产品,食品对消费者的健康甚至生命有更大影响,因
此,食品质量往往与食品安全相联系。很多研究对两者的概念也未作更细致的区
分,在此亦不作确定性的区分,或者可以理解为,生产低质量食品的条件导致食品
不安全的概率也相对较高。总体来看,相对一般产品的质量研究,关于食品企业产
品质量安全决策的研究更多地考虑了政府监管等外力的介入(Hamilton et al.,
2003),标准、标识与法规等市场机制的影响(Verbeke et al.,2002;Unnevehr and
Jensen,1999),产业链的质量传导与控制(Gorris,2005),舆论与信息的波及效应

(Swinnen et al.,2005;Mazzocchi et al.,2008)等。从国内研究来看,近年来关于信息不对称条件下食品企业决策及相应治理的研究开始逐渐增多(李想,2011;吴元元,2012;李新春、陈斌,2013;龚强等,2015),如李新春、陈斌(2013)基于混合寡头竞争模型,分析了监管强度对食品企业选择创新还是败德的影响。研究指出,当政府监管不力时,败德的收益将超过创新收益,并且,败德企业将会对创新企业产生"挤出效应",从而造成食品市场上的群体性败德现象。但总体来看,国内的研究多侧重于定性讨论及政策性分析,较深入的理论研究还不多。

需要说明的是,与本研究相近的文献为 Daughety 和 Reinganum(2008a)。在该研究中,作者考虑了企业与企业之间、消费者与企业之间信息不对称的情景,并建立了体现产品横向差异与纵向差异的消费者效用模型。在模型中,由于消费者不清楚企业产品质量,企业面对的市场需求函数为含有消费者质量信念差异的函数。研究结果表明,低质量企业总是更偏好信息不对称条件,而当高质量企业比重较大时,高质量企业也会偏好信息不对称条件,相比信息充分条件下的结果,信息不对称条件下两类企业产品的价格都将提升。另外,研究还得出"信息不对称条件下,消费者对低质量产品的容忍助长了低产品质量企业的价格、产量和利润"的结论。本研究也采用了 Daughety 和 Reinganum(2008a)所创立的模型,而本研究与之相区别的地方主要表现在两个方面:首先,该文主要以价格竞争作为企业均衡的研究立足点,而本研究则以产量竞争进行分析;其次,该文的目的主要在于考察信息不对称条件对均衡价格、产量、利润等企业变量的影响,而本章的目的主要考察消费者信念修正以及行业认知波及效应对企业食品质量安全水平选择的影响。另外,王常伟、顾海英(2013)也曾从消费者信念认知视角分析了消费者面对食品安全问题时的购买反应以及对企业决策的影响,并从理论上解释了中国消费者"记性差"的内在原因;但在该文分析中,其主要采用了简单的静态优化决策模型,并且对食品安全问题的行业波及效应没有进行详尽的理论分析,因此,本章可以看作是该文的进一步深化。

综观目前关于信息不对称条件下企业质量决策的研究,虽然市场信念的调整已成为研究的基本前提,但正是如此,对该问题的细致分析却在一定程度上有所忽视。除早期信息经济学的基础性研究外,目前专门探讨市场信念对食品企业质量安全决策的研究比较缺乏,已有理论研究中通常的假设为,一旦食品企业被曝出存在食品安全问题,则市场会对该企业的质量信念进行彻底调整。另外,企业出现食品安全问题后,对行业内其他企业的波及效应也较少纳入理论分析中,而这两种情况却是现实中非常普遍的现象。基于此,本章将以上两点纳入考虑,从理论上分析了市场信念对食品企业质量安全决策的影响,并在一定程度上解释了为何我国食品市场目前会存在较为严重的集体败德现象。

三、败德还是改善：一个双寡头竞争模型的分析

(一)模型设定

本章采用 Daughety 和 Reinganum(2008a)所建立的消费者效用函数形式，假设市场上仅存在一个代表性消费者，并且，为了简化分析，将原模型中 N 家企业改为两家企业，即消费者面对一个双寡头竞争市场，企业所生产的食品不仅存在横向差异，也存在纵向差异，在食品的纵向差异方面，假设仅有两种水平，分别为高质量安全水平和低质量安全水平。消费者消费食品的具体效用为：

$$U(q_i,q_j)=[\alpha-(1-\bar{\theta}_i)\delta]q_i+[\alpha-(1-\bar{\theta}_j)\delta]q_j-\frac{1}{2}\beta(q_i^2+q_j^2+2r q_i q_j)$$

$$(6-1)$$

式中：q_i、q_j 分别代表两企业的食品产量；$\bar{\theta}_i$、$\bar{\theta}_j$ 为消费者对两企业食品质量安全水平的主观信念，可以理解为消费者认为某企业食品是高质量安全水平的概率；α 为基础效用系数，代表食品的重要程度，即越是必需品，α 取值越大；δ 为质量效用损失调整系数，反映了低质量安全水平食品对消费者效用的影响程度；β 代表消费者对食品价格的敏感程度，β 越大，说明消费者对价格越敏感；r 代表两企业所生产食品之间的替代程度，反映了食品的横向差异及竞争状况，当 r 为 1 时，代表两企业所生产食品可完全替代，竞争激烈，而当 r 等于 0 时，则表示不同企业生产的食品具有独占性。消费者的食品购买决策在于以最小的支出获取最大的效用，即追求式(6-2)的最大化：

$$\max U(q_i,q_j)+I-p_i q_i-p_j q_j \qquad (6-2)$$

式中，I 代表消费者收入，p_i、p_j 分别代表企业 i 及企业 j 的食品价格。将式(6-1)代入式(6-2)，以企业 i 为例，可得到企业的反需求函数(6-3)和需求函数(6-4)：

$$p_i=\alpha-(1-\bar{\theta}_i)\delta-\beta(q_i+r q_j) \qquad (6-3)$$

$$q_i=\frac{\alpha(1-r)-(1-\bar{\theta}_i)\delta+r(1-\bar{\theta}_j)\delta+r p_j-p_i}{\beta(1-r^2)} \qquad (6-4)$$

从食品企业的需求函数式(6-4)可以看出，企业的市场需求不但受到食品企业自身产品价格、食品基础效用系数、质量效用损失调整系数的影响，而且还受到竞争对手食品的价格、消费者对食品的质量安全水平信念以及不同企业食品替代程度的影响。另外，消费者对竞争对手食品质量安全水平的信念越高，则对本企业的需求越低，这种企业间食品质量安全水平信念差异对需求的影响还与竞争程度有关，企业间食品的可替代性越强，信念差异对需求的影响越明显。

从食品企业角度来讲,其决策的目的在于利润最大化,区别于 Daughety 和 Reinganum(2008a)以价格作为竞争分析的模式,本研究假设企业选择产量竞争以最大化其利润。在求解企业利润之前,在此给定基本博弈时序,假设企业与消费者之间的决策是同时作出的,企业可以相互推知竞争对手的策略反应,但消费者对企业食品质量安全水平的认知仅是一种信念。为了简化分析,在此亦沿用 Daughety 和 Reinganum(2008a)关于企业成本形式的假设,即生产不同质量安全水平食品的成本不同且成本与质量安全水平线性相关。以企业 i 为例,食品企业的利润函数形式为式(6—5):

$$\pi_i = [\alpha - (1-\bar{\theta}_i)\delta - \beta q_i - r\beta q_j - k\theta_i]q_i \tag{6—5}$$

对式(6—5)求最大值,可得两企业的竞争均衡产量分别为:

$$q_i^* = \frac{2[\alpha - (1-\bar{\theta}_i)\delta] - r[\alpha - (1-\bar{\theta}_j)\delta] + rk\theta_j - 2k\theta_i}{4\beta - r^2\beta} \tag{6—6}$$

$$q_j^* = \frac{2[\alpha - (1-\bar{\theta}_j)\delta] - r[\alpha - (1-\bar{\theta}_i)\delta] + rk\theta_i - 2k\theta_j}{4\beta - r^2\beta} \tag{6—7}$$

为了保证企业有进入市场的积极性,并且,满足同等条件下消费者追求高质量安全水平食品的合理情景,在此给出两个假设条件:

假设 1:$\alpha > \delta$,$\alpha > k$ 且 $\delta > k$。

假设 2:$\dfrac{r}{2} < \dfrac{\alpha - \delta}{\alpha - k} < \dfrac{2}{r}$。

将式(6—6)和式(6—7)代入式(6—5),可求得食品企业 i 的利润,为:

$$
\begin{aligned}
\pi_i &= \left[\alpha - (1-\bar{\theta}_i)\delta - \frac{2[\alpha - (1-\bar{\theta}_i)\delta] - r[\alpha - (1-\bar{\theta}_j)\delta] + rk\theta_j - 2k\theta_i}{4 - r^2}\right. \\
&\quad \times - \frac{2[\alpha - (1-\bar{\theta}_j)\delta] - r[\alpha - (1-\bar{\theta}_i)\delta] + rk\theta_i - 2k\theta_j}{(4/r) - r} - k\theta_i \Bigg] \\
&\quad \times \frac{2[\alpha - (1-\bar{\theta}_i)\delta] - r[\alpha - (1-\bar{\theta}_j)\delta] + rk\theta_j - 2k\theta_i}{4\beta - r^2\beta} \\
&= \frac{\{2[\alpha - (1-\bar{\theta}_i)\delta] - r[\alpha - (1-\bar{\theta}_j)\delta] + rk\theta_j - 2k\theta_i\}^2}{\beta(4 - r^2)^2}
\end{aligned} \tag{6—8}
$$

由式(6—6)、(6—7)及(6—8)可以看出,固定其他条件不变,企业的利润不仅受到自身食品质量安全水平选择的影响,而且还受到市场对该企业食品质量安全水平信念、竞争对手食品质量安全水平选择以及市场对竞争对手食品质量安全水平信念的影响。

(二)信息对称条件下的分析

作为对照基准(bench mark),我们首先考察在信息对称条件下的企业食品质量安全水平决策。在食品质量可以充分识别的情况下,消费者可以观察到企业食品的真实质量安全水平,此时,消费者对企业食品质量安全水平的信念等于食品的实际质量,即 $\bar{\theta_i}=\theta_i$,$\bar{\theta_j}=\theta_j$。

先看最简单的情况,当 $r=0$ 时,即不同企业食品之间的需求相互独立,此时,竞争对手食品质量安全水平的选择对企业自身食品质量安全水平的选择无影响,企业选择生产不同质量安全水平食品时的利润分别为:$\pi(\theta_i=0)=\dfrac{(\alpha-\delta)^2}{4\beta}$、$\pi(\theta_i=1)=\dfrac{(\alpha-k)^2}{4\beta}$,由假设条件 1 可知,$\pi(\theta_i=0)<\pi(\theta_i=1)$,即此时选择生产高质量安全水平食品将是企业的占优决策。而当 $r=1$ 时,即不同企业食品对消费者来说横向无差异,此时,企业不同选择条件下的利润分别为:$\pi(\theta_i=0\mid\theta_j=1)=\dfrac{(\alpha-2\delta+k)^2}{9\beta}$,$\pi(\theta_i=1\mid\theta_j=1)=\dfrac{(\alpha-k)^2}{9\beta}$,$\pi(\theta_i=0\mid\theta_j=0)=\dfrac{(\alpha-\delta)^2}{9\beta}$ 以及 $\pi(\theta_i=1\mid\theta_j=0)=\dfrac{(\alpha+\delta-2k)^2}{9\beta}$,由假设 1 可知,$\pi(\theta_i=1\mid\theta_j=1)>\pi(\theta_i=0\mid\theta_j=1)$,$\pi(\theta_i=1\mid\theta_j=0)>\pi(\theta_i=0\mid\theta_j=0)$,即不管竞争对手选择生产何种质量安全水平食品,企业选择生产高质量安全水平食品都是最优决策。而当不同企业间的食品存在一定的替代关系时,即 $0<r<1$,我们来求解企业的均衡决策。此时,给定企业 j 的不同选择,企业 i 的利润分别为:

$$\pi(\theta_i=0\mid\theta_j=1)=\frac{(2\alpha-r\alpha-2\delta+rk)^2}{\beta(4-r^2)^2} \tag{6-9}$$

$$\pi(\theta_i=1\mid\theta_j=1)=\frac{(2\alpha-r\alpha+rk-2k)^2}{\beta(4-r^2)^2} \tag{6-10}$$

$$\pi(\theta_i=0\mid\theta_j=0)=\frac{(2\alpha-2\delta-r\alpha+r\delta)^2}{\beta(4-r^2)^2} \tag{6-11}$$

$$\pi(\theta_i=1\mid\theta_j=0)=\frac{(2\alpha-r\alpha+r\delta-2k)^2}{\beta(4-r^2)^2} \tag{6-12}$$

由假设 1 及假设 2 很容易证明,在不同企业间食品存在不完全替代关系时,依然有 $\pi(\theta_i=1)>\pi(\theta_i=0)$。即只要满足基本的假设条件,在信息对称条件下,无论何种竞争水平以及竞争对手的决策如何,选择生产高质量安全水平的食品都将是企业的最优选择。

(三)静态分析

在信息充分的条件下,食品质量安全水平将得到市场的充分认可,并且,由于消费者对高质量安全水平食品存在较高的效用感知,因此生产高质量安全水平食品将会获得大于其生产成本的额外补偿,选择生产高质量安全水平食品也就成为企业的自发选择。但食品在很大程度上具有信任品属性,现实中消费者很难对食品质量安全状况进行充分识别,因此信息不对称也就成为研究食品市场的前提条件。在信息不对称条件下,市场对企业食品质量安全水平的认知表现为一种主观概率信念,而这一信念水平将影响消费者购买决策,进而影响企业的生产决策。本部分假设企业与消费者之间的交易为一次性交易,并且,消费者没有关于企业的任何额外信息,因此,消费者对不同企业食品质量安全水平难以区分,将以相等的信念对所有食品的质量安全水平进行评估。这一假设情景在现实中也比较常见,由于市场上食品企业众多,而消费者在终端销售网点接触到的食品往往为初次接触,并且,今后也不一定会再买,或者消费者在旅游景点等偶然地点的食品购买行为,都可以近似地认为满足这一假设条件。在这一情景中,会有 $\overline{\theta_i} \neq \theta_i, \overline{\theta_j} \neq \theta_j, \overline{\theta_i} = \overline{\theta_j}$。在此假设下,以企业 i 为例,不同决策博弈情景下的食品企业利润分别为:

$$\pi(\theta_i = 0 | \theta_j = 1) = \frac{\{2[\alpha - (1-\overline{\theta})\delta] - r[\alpha - (1-\overline{\theta})\delta] + rk\}^2}{\beta(4-r^2)^2} \quad (6-13)$$

$$\pi(\theta_i = 1 | \theta_j = 1) = \frac{\{2[\alpha - (1-\overline{\theta})\delta] - r[\alpha - (1-\overline{\theta})\delta] + rk - 2k\}^2}{\beta(4-r^2)^2} \quad (6-14)$$

$$\pi(\theta_i = 0 | \theta_j = 0) = \frac{\{2[\alpha - (1-\overline{\theta})\delta] - r[\alpha - (1-\overline{\theta})\delta]\}^2}{\beta(4-r^2)^2} \quad (6-15)$$

$$\pi(\theta_i = 1 | \theta_j = 0) = \frac{\{2[\alpha - (1-\overline{\theta})\delta] - r[\alpha - (1-\overline{\theta})\delta] - rk\}^2}{\beta(4-r^2)^2} \quad (6-16)$$

从以上利润函数结构可以清楚地看出,与完全信息条件下的结论刚好相反,此时有 $\pi(\theta_i = 0 | \theta_j = 1) > \pi(\theta_i = 1 | \theta_j = 1)$ 和 $\pi(\theta_i = 0 | \theta_j = 0) > \pi(\theta_i = 1 | \theta_j = 0)$,即在信息不对称条件下,如果市场不能对企业生产的食品质量安全水平进行有效区分,而在混同信念下进行购买决策,不论混同的市场信念水平如何,则一期静态博弈中,两企业均选择生产低质量安全水平的食品将是一个纳什均衡,食品市场也因此进入了"同流合污"的局面。

(四)动态分析

现实中,食品企业往往并非短期经营,当经营超过一期时,市场将具有学习功能,虽然多期经营并不能完全消除信息不对称,但消费者也会根据外界信息来修正其对企业食品质量安全认知的信念。假设消费者进行两期重复购买,博弈的时序为,首先企业各自选择生产不同质量安全水平的食品,消费者初始对食品质量安全认知无差异,但经过一期交易后,某一企业食品被曝出存在质量安全问题,由于这一信息的出现,消费者将修正其对食品质量安全水平的信念认知,而这一信念修正将被企业所预测到,并且,我们假设企业的质量选择只在第一期前作出,中间不能变更,企业将在这一博弈情景中作出生产决策。需要说明的是,由于食品企业生产过程中的不确定性以及信息不对称性,当某一企业被曝出食品安全问题后,并非所有消费者一定会认为该企业生产的所有食品都是低质量的。这一理解主要源于两方面的理由:一方面,曝光的信息一般情况下并不能被所有消费者充分接收;另一方面,某些消费者对于问题的认知或许并不敏感。因此,被曝出存在质量安全问题的食品企业,市场对其食品质量安全信念将会调整,但一般情况下并不会调整到0。另外,由于信息不对称及食品市场的行业效应,一家企业被曝出问题后,消费者通常对行业内其他企业的食品质量安全水平认知也会随之调整。为了分析市场信念对食品企业生产决策的影响,我们在此采用逆向分析法来考察末期食品企业的利润状况。当企业 j 选择生产高质量安全水平食品时,企业 i 不同选择下的利润分别为:

$$\pi(\theta_i=0|\theta_j=1)=\frac{\{2[\alpha-(1-\bar{\theta}_i^0)\delta]-r[\alpha-(1-\bar{\theta}_j^0)\delta]+rk\}^2}{\beta(4-r^2)^2} \tag{6-17}$$

$$\pi(\theta_i=1|\theta_j=1)=\frac{\{2[\alpha-(1-\bar{\theta}_i^1)\delta]-r[\alpha-(1-\bar{\theta}_j^1)\delta]+rk-2k\}^2}{\beta(4-r^2)^2} \tag{6-18}$$

当企业 j 选择生产低质量安全水平食品时,企业 i 不同选择下的利润分别为:

$$\pi(\theta_i=0|\theta_j=0)=\frac{\{2[\alpha-(1-\bar{\theta}_i^0)\delta]-r[\alpha-(1-\bar{\theta}_j^0)\delta]\}^2}{\beta(4-r^2)^2} \tag{6-19}$$

$$\pi(\theta_i=1|\theta_j=0)=\frac{\{2[\alpha-(1-\bar{\theta}_i^1)\delta]-r[\alpha-(1-\bar{\theta}_j^1)\delta]-2k\}^2}{\beta(4-r^2)^2} \tag{6-20}$$

其中,$\bar{\theta}_i^0$、$\bar{\theta}_j^0$ 分别代表企业 i 选择生产低质量安全水平食品时,出现质量安全问题后消费者对企业 i 以及企业 j 食品质量安全水平的修正信念。$\bar{\theta}_i^1$、$\bar{\theta}_j^1$ 分别代表企业 i 选择生产高质量安全水平食品时,消费者对企业 i 以及企业 j 食品质量安全水平的信念。在不考虑第一期销售利润影响的情况下[①],式(6-17)与式(6-18)以及式(6-19)与式(6-20)大小的比较决定了企业 i 的食品质量安全水平生产决策,以企业 j 选择生产高质量安全水平食品情景下的企业 i 决策选择为例,由式(6-17)、式(6-18)可得:

$$\pi(\theta_i=1|\theta_j=1)-\pi(\theta_i=0|\theta_j=1)$$

$$=\frac{[2a(2-r)-2\delta(2-\bar{\theta}_i^1-\bar{\theta}_i^0)+r\delta(2-\bar{\theta}_j^1-\bar{\theta}_j^0)-2k(1-r)][2\delta(\bar{\theta}_i^1-\bar{\theta}_i^0)-r\delta(\bar{\theta}_j^1-\bar{\theta}_j^0)-2k]}{\beta(4-r^2)^2}$$

$$\tag{6-21}$$

由假设条件1及假设条件2可知,式(6-21)的符号取决于式(6-22):

---

① 如考虑一期的利润差,影响企业变量决策的临界条件值会有所不同,但可以证明,影响方向不变,由于影响方向是本章关注的重点,因此,为了分析的简化,在此仅考察了末期情况。

$$W=2\delta(\overline{\theta}_i^1-\overline{\theta}_i^0)-r\delta(\overline{\theta}_j^1-\overline{\theta}_j^0)-2k \tag{6-22}$$

式(6-22)即为激励企业选择生产高质量安全水平食品的基本条件。当各参数使 $W>0$ 时,企业将有选择生产高质量安全水平食品的内在激励。由式(6-22)可以看出,当竞争对手选择生产高质量安全水平食品时,企业的生产决策主要受到质量效用损失调整系数、市场对企业 i 不出现食品质量安全问题与出现食品质量安全问题后的食品质量信念修正程度、不同状态下市场对竞争对手质量信念认知差异、产品可替代程度以及生产高质量安全水平食品与生产低质量安全水平食品成本差等因素的影响。而当企业 j 选择生产低质量安全水平食品情景下,企业 i 的决策条件与之相类似,在此不再推导。由式(6-22)可得出以下结论:

结论一:信息不对称条件下市场对问题企业质量信念修正的不彻底,将诱导企业选择生产低质量安全水平的食品。

企业的生产决策主要来自利润的驱动,在信息充分条件下,消费者对食品质量安全状况有着清楚的认知,但在信息不对称条件下,虽然会有食品质量安全问题事件的曝光,从而给消费者提供一定的信号或信息,但这种信息是不充分的。一方面,由于消费者对整体市场食品质量存在一定的疑虑,往往导致 $\overline{\theta}_i^1<1$,从而企业生产高质量安全水平食品并没有被市场所充分认可;另一方面,选择生产低质量安全水平食品的企业即使曝出了食品质量安全问题,往往也不会被市场所充分识别,甚至消费者在主观上对问题事件持容忍态度,即市场信念表现为 $\overline{\theta}_i^0>0$,虽然 $\overline{\theta}_i^1-\overline{\theta}_i^0$ >0 依然会满足,但由于市场信念修正得不彻底,生产低质量安全水平食品企业只受到了部分市场惩罚,从而 $\overline{\theta}_i^1-\overline{\theta}_i^0<1$。在这种情况下,即使不考虑行业波及效应,只有当市场信念修正达到一定程度,即 $\overline{\theta}_i^1-\overline{\theta}_i^0>k/\delta$ 时,才会有 $\pi(\theta_i=1)>$ $\pi(\theta_i=0)$,而当 $\overline{\theta}_i^1-\overline{\theta}_i^0<k/\delta$ 时,理性的企业将会选择生产低质量安全水平的食品。

结论二:信念的行业波及效应,导致企业选择生产高质量安全水平食品的动力不足。

信息不对称条件下,不仅生产高质量安全水平食品得到不市场的完全认可,而且,由于食品安全问题的行业波及效应,消费者对整个食品市场的质量信念也会受到个别企业质量安全问题的影响,消费者对企业间的食品质量安全水平差异信念在一定程度上存在混同倾向,在一个封闭市场中,这种混同的质量信念使消费者需求不能实现从问题企业向高质量企业的有效转移,从而进一步弱化了对问题企业的市场惩罚。从式(6-22)中可以清楚地看出食品行业的波及效应对企业决策的影响。在企业 i 没有曝出质量安全问题前,消费者对企业 j 所生产食品质量安全水平的信念为 $\overline{\theta}_j^1$,而一旦企业 i 曝出质量安全问题,由于信息不对称,消费者会很

自然地怀疑企业 j 是否也存在类似问题。[①] 因此,合理的推定为,消费者将会在一定程度对企业 j 生产的食品进行质量信念修正,即 $\bar{\theta}_j^1 < \bar{\theta}_j^1$,从而造成决策条件式 (6−22) 中第二部分 $r\delta(\bar{\theta}_j^1 - \bar{\theta}_j^0) > 0$,此时,企业 i 选择生产高质量安全水平食品的激励条件为:$\bar{\theta}_i^1 - \bar{\theta}_i^0 > k/\delta + r(\bar{\theta}_j^1 - \bar{\theta}_j^0)/2$。可以看出,由于 $\dfrac{r(\bar{\theta}_j^1 - \bar{\theta}_j^0)}{2} > 0$,考虑了食品安全问题的行业信念波及效应后,激励企业 i 选择生产高质量食品的条件将更难满足,在此条件下,即使消费者对企业 i 的食品质量进行了彻底修正,即 $\bar{\theta}_i^1 - \bar{\theta}_i^0 = 1$,也不能保证 $\dfrac{k}{\delta} + \dfrac{r(\bar{\theta}_j^1 - \bar{\theta}_j^0)}{2} < 1$ 恒成立。也就是说,信息不对称条件下食品安全问题的行业波及,导致企业选择生产高质量安全水平食品的动力更为不足。

结论三:垄断可以促进食品质量安全水平的提升。

从式 (6−22) 中还可以看出,食品的可替代性也在一定程度上影响了食品企业的质量安全决策。随着食品可替代性程度的增加,消费者对食品的认知也进一步趋同,因此,个别企业食品质量安全问题对行业的影响也就更加明显,问题企业所受市场惩罚将更多地被市场所分担,消费者对问题企业需求的变化也就越不明显。固定其他条件,可替代程度影响企业 i 生产决策的临界条件为:$r = \dfrac{2\delta(\bar{\theta}_i^1 - \bar{\theta}_i^0) - 2k}{\delta(\bar{\theta}_j^1 - \bar{\theta}_j^0)}$,当 $r \leqslant \dfrac{2\delta(\bar{\theta}_i^1 - \bar{\theta}_i^0) - 2k}{\delta(\bar{\theta}_j^1 - \bar{\theta}_j^0)}$,即行业的可替代程度较弱时,企业才有动力选择生产高质量安全水平食品。临界条件表达式还显示,食品的可替代性对企业决策的影响还与行业效应存在交互效应,当行业波及效应较大时,可替代性的影响也更为明显。因此可以得出,在本章研究假设条件下,可替代性越弱,或企业的垄断程度越高,企业选择生产高质量安全水平的激励越大。

以上分析仅考虑了出现食品安全问题的当期情形,而如果将模式扩展到多期经营,则企业选择生产高质量安全水平食品的激励条件更为严格。假设企业经营期限为 n 期,货币折现因子为 σ,当企业 i 经营到 $m+1$ 期时被曝出质量安全问题,并影响当期消费者的市场信念与决策。我们依然假设企业在期初选择食品质量安全水平,并在整个博弈期间内不能改变。[②] 则在此博弈规则下,给定企业 j 选择生产高质量安全水平食品的条件下,企业 i 选择生产高质量安全水平食品及低质量

---

① 现实中,食品安全问题的曝光,具有一定的随机性,由于信息不对称,存在食品安全问题的企业并不一定都能被发现,或是发现的时间会存在不一致。因此,当一个企业被曝光存在食品质量安全问题时,消费者很会很自然地怀疑这一问题或许是一种行业内的普遍现,特别是当消费者对整个市场食品安全水平状况比较悲观时。消费者的基础信念对其信念修正的影响分析见下文第四部分。

② 企业的生产调整往往有一个过程,如考虑可以调整生产的博弈,可以将 n 期博弈扩展为多个 n 期,为研究方便,在此仅以一个 n 期进行说明。

安全水平食品的利润分别为：

$$\varPi_{11}(\theta_i=1|\theta_j=1)=\rho\pi_{11}+\rho^2\pi_{11}+\cdots+\rho^{m+1}\pi_{11}+\cdots+\rho^n\pi_{11} \qquad (6-23)$$

$$\varPi_{01}(\theta_i=0|\theta_j=1)=\rho\pi_{01}^0+\rho^2\pi_{01}^0+\cdots+\rho^m\pi_{01}^0+\rho^{m+1}\pi_{01}^1+\cdots+\rho^n\pi_{01}^{n-m} \qquad (6-24)$$

π_{11} 表示在企业 j 选择生产高质量安全水平食品时，企业 i 选择生产高质量安全水平食品的一期收益；π_{01}^0 表示当企业 j 选择生产高质量安全水平食品时，企业 i 选择生产低质量安全水平食品但未曝出食品质量安全问题时每一期的收益，此时消费者对两企业食品质量安全水平的信念分别为 $\bar{\theta}_i^1$ 与 $\bar{\theta}_j^1$，$\pi_{01}^1\cdots\pi_{01}^{n-m}$ 代表企业 i 选择生产低质量安全水平食品被曝出食品质量安全问题后每一期的收益，其中：

$$\pi_{01}^{n-m}=\frac{\{2[\alpha-(1-\tilde{\theta}_i^{n-m})\delta]-r[\alpha-(1-\tilde{\theta}_j^{n-m})\delta]+rk\}^2}{\beta(4-r^2)^2} \qquad (6-25)$$

$$\tilde{\theta}_i^{n-m}=\frac{k^{n-m}-k}{k^{n-m}}(\bar{\theta}_i^1-\bar{\theta}_i^0)+\bar{\theta}_i^0 \qquad (6-26)$$

$\tilde{\theta}_i^{n-m}$ 为在 $n-m$ 期消费者对问题企业食品质量的认知信念。一般来说，当企业 i 在 $m+1$ 期曝出食品质量安全问题后，消费者对食品质量信念的调整将会随着时间的推移而恢复，消费者虽然对食品安全问题具有一定的记忆性，但这种记忆性的影响将会越来越弱，式（6-26）刻画了这种信念的变化趋势，其中 k 为市场信念恢复指数，k 越大，代表消费者对食品安全问题的遗忘速度越快。具体来说，在第 $m+1$ 期时，$\tilde{\theta}_i^1=\frac{k^{m+1-m}-k}{k^{m+1-m}}(\bar{\theta}_i^1-\bar{\theta}_i^0)+\bar{\theta}_i^0=\bar{\theta}_i^0$，而当 n 趋向于无穷时，$\tilde{\theta}_i^\infty=\frac{k^{\infty-m}-k}{k^{\infty-m}}(\bar{\theta}_i^1-\bar{\theta}_i^0)+\bar{\theta}_i^0=\bar{\theta}_i^1$，只要经营期内企业 i 的食品质量安全问题没有再次被发现，则消费者对其食品质量安全水平的认知将逐步恢复到期初水平。令 $\varPi_{11}(\theta_i=1|\theta_j=1)-\varPi_{01}(\theta_i=0|\theta_j=1)=\Delta$，则会有下面的结论：

结论四：消费者对问题食品质量信念的快速恢复，影响了食品质量安全水平的提升。

可以证明，$\frac{\partial\Delta}{\partial k}<0$，即消费者对问题企业 i 所生产食品质量安全水平的市场信念恢复指数越大，企业 i 选择生产高质量安全水平食品与选择生产低质量安全水平食品的利润差越小，满足 $\Delta>0$ 的条件也就越困难。[①] 在其他条件不变的情况下，当 k 大于某一数值时，企业选择生产低质量安全水平食品将成为最优决策。这一结论与直觉相一致，企业选择生产低质量安全水平食品的市场惩罚仅来自消费者对出现问题后的信念修正阶段，虽然当期市场需求受到较明显的影响，但由于信

———————————

① 此处证明相对直观，但计算较繁琐，在此省略。

息不对称条件下消费者对市场上的食品质量认知存在趋同倾向,如果 k 越大,市场惩罚阶段的持续时间也就越短,消费者对问题信息很快就会遗忘,购买决策逐步恢复到期初信念状态,从整个经营期间来看,考虑到未曝光前的利润溢出及生产成本的节约,选择生产低质量安全水平的食品将是企业的最优决策。

另外,从 Δ 的表达式中我们还可以证明 $\dfrac{\partial \Delta}{\partial m} < 0$。即在其他条件不变的情况下,$m$ 越大,企业越倾向于选择生产低质量安全水平的食品。这说明如果社会监督机制不完善,生产低质量安全水平食品的企业可以很好地隐藏,或可以对已出现的问题信息进行有效封锁,则会存在生产低质量安全水平食品的更大激励。

四、国内外食品企业自律性差异:一个基础信念影响的延伸讨论

以上研究表明,信息不对称条件下,市场信念的修正不足及行业波及效应导致了食品企业选择生产低质量安全水平食品的倾向,这在一定程度上解释了我国食品行业整体安全水平较差、存在集体败德倾向的内在原因。但现实中,并非所有企业都选择了败德行为,这主要是由于本章的研究结论是在忽略政府外力监管以及企业生产成本异质性条件下得出的。另外,即便仅从市场信念角度来看,也存在着需要进一步讨论的地方。一个现实的疑问是:为何发达国家食品企业自律性相对较高,而我国食品企业的自律性却比较低? 这仅仅是由于发达国家的监管更加严格吗? 如果是这样,那么提高监管力度就应可以从本质上改善我国食品安全的整体状况,但实事并非如此。本部分旨在上文研究的基础上,尝试从食品质量基础市场信念差异视角对国内外食品企业自律性差异的原因进行分析。

我们再一次来审视食品企业质量安全水平选择的激励条件,即式(6—22)。假设期初消费者对各企业食品质量安全水平的信念认知相等并以 $\bar{\theta}$ 表示,在此,将之定义为食品质量安全状况的市场基础信念,式(6—22)变为:

$$\hat{W} = 2\delta(\bar{\theta} - \bar{\theta}_i^0) - r\delta(\bar{\theta} - \bar{\theta}_j^0) - 2k \tag{6—27}$$

与上文分析思路相同,当 $\hat{W} > 0$ 时,理性的企业将选择生产高质量安全水平的食品,否则,企业将会出现败德动机。将式(6—27)简单整理可得:

$$\hat{W} = (2\delta - r\delta)\bar{\theta} + (r\delta\,\bar{\theta}_j^0 - 2\delta\,\bar{\theta}_i^0) - 2k \tag{6—28}$$

从式(6—28)可以看出,$\dfrac{\partial \hat{W}}{\partial \theta} > 0$,即食品质量安全状况的市场基础信念越高,激励企业选择生产高质量安全水平食品的条件越容易达成。固定其他条件,临界基础

市场信念值为 $\bar{\theta}^* = \dfrac{2k - r\delta\bar{\theta}_j^0 + 2\delta\bar{\theta}_i^0}{\delta(2-r)}$，当市场上的食品质量安全水平总体较高时，消费者的信念认知也会较高，一旦 $\bar{\theta} > \bar{\theta}^*$ 满足，企业将有内在激励生产高质量安全水平的食品。另外，$\hat{W} > 0$ 是否满足，还受到市场对问题企业食品质量安全水平修正信念 $\bar{\theta}_j^0$，以及发生食品质量安全问题后行业波及效应的影响。令 $\bar{\theta}_j^0 - \bar{\theta}_i^0 = d$，将之代入式（6—28），可得：

$$\hat{W} = (2\delta - r\delta)\bar{\theta} - (2\delta - r\delta)\bar{\theta}_i^0 + r\delta d - 2k \qquad (6-29)$$

可以容易地证明，$\dfrac{\partial \hat{W}}{\partial \bar{\theta}_i^0} < 0$，$\dfrac{\partial \hat{W}}{\partial d} > 0$，即 $\bar{\theta}_i^0$ 越小，消费者对问题企业食品质量安全水平信念修正得越彻底，$\hat{W}$ 大于 0 的概率越大，企业也就越有可能选择生产高质量安全水平的食品。另外，d 越大，代表问题企业的行业波及效应越小，企业选择生产高质量安全水平食品的激励条件也更容易满足。需要指出的是，根据正常的推理，$\bar{\theta}$ 一般会对 d 存在一定的影响，市场基础信念越高，消费者对食品质量的认可与信任度越高，在此种条件下，即使偶尔有个别行业内企业出现食品质量安全问题，消费者也更有可能将其归咎于企业个体责任，即 $\bar{\theta}_j^0$ 随 $\bar{\theta}_i^0$ 变化的幅度较小，从而 d 为一个较大值，而当市场基础信念较低时，消费者对食品质量安全状况普遍持怀疑态度，此时，如有一家企业曝出食品安全问题，则消费者更倾向于将这一问题理解为行业现象，问题的出现强化了原有模糊的认知，从而会大幅修正对其他企业食品质量安全水平的信念，$\bar{\theta}_j^0$ 将随 $\bar{\theta}_i^0$ 出现较大程度的同向变化，表现为 d 将是一个较小的值。因此，食品质量安全水平的市场基础信念将通过直接作用以及对行业波及效应影响的间接作用，影响企业食品质量安全水平的决策。

以上分析可以在一定程度上解释中国食品企业与发达国家食品企业自律性差异的原因。客观来看，我国食品安全水平与发达国家还存在一定的差距，加之近年来频发的食品安全问题影响了消费者对我国食品安全水平的信任，因此，市场对我国食品质量安全状况的认可度较低，即相对于发达国家来说，我国食品企业面对的市场基础信念 $\bar{\theta}$ 较低。由上文分析可知，当 $\bar{\theta}$ 较低时，不但直接影响了企业选择生产高质量安全水平食品的决策，而且，一旦某一食品企业出现食品安全问题，消费者往往会对整个行业表现出不信任，行业波及效应明显，导致 d 值较小，从而进一步弱化了企业食品质量改善的激励。因此，基于追求利润的理性假设，较低的食品质量安全市场基础信念水平使我国食品企业的自律性较差，选择败德行为的概率较高。另外，我们从式（6—27）中还可以得出 $\dfrac{\partial \bar{\theta}}{\partial \delta} > 0$，即消费者质量效用损失调整系数越大,激励企业改善食品质量安全的条件越容易达成。从现实来看,质量效用损失调整系数往往与消费者认知、收入等因素有关①,与国外发达国家相比较,由于经济发展水平、社会认知程度的差异,平均意义上来讲,我国消费者对 δ 的设定要低于发达国家消费者对 δ 的设定。除此之外,在食品安全治理较为完善的发达国家,相关信息往往比较透明,食品企业的安全问题也更容易准确归因,加之市场已建立起相对可置信的信号机制及诚信体系,因此,企业出现食品安全问题后,所造成的信念类比即行业波及效应相对较小,从而式(6—29)中的 d 值较大,企业改善食品质量的激励条件也就更容易满足。

五、消费者信念认知的简单实证

食品安全问题的产生很大程度上源于信息不对称,信息不对称条件下消费者对食品质量安全水平的认知表现为一种概率信念,而这一信念在一定程度上存在修正不彻底及行业波及现象,这是本章分析的基础性假设。为了进一步说明本章理论分析的合理性,本部分将基于课题组调查数据及互联网调查数据,对消费者食品质量安全信念认知状况进行简单验证。

课题组数据主要来自对上海、江苏等地消费者的调查。2011 年 12 月 24 日,国家质检总局抽查结果显示,蒙牛乳业(眉山)有限公司纯牛奶黄曲霉毒素超标,2012 年 3 月到 5 月,课题组就相关问题对消费者进行了调查,最终共计获得有效问卷 637 份。另外一个数据来自凤凰网,2013 年 8 月初,新西兰乳制品巨头恒天然集团向新西兰政府通报称,其生产的 3 个批次浓缩乳清蛋白中检出肉毒杆菌,影响包括 3 个中国企业在内的 8 家客户。此消费息一出,引起了国内对洋奶粉质量的质疑。虽然事后证明恒天然污染细菌并非肉毒杆菌,而为普通产芽孢梭状芽孢杆菌,但产品存在污染依然是实事。在事发后的一个月内,凤凰网就消费者的相关认知开展了相应调查,共有 10 万多个消费者参与了此次调查。

首先来看消费者对问题食品的信念认知修正及购买行为。为了测度消费者面对问题食品企业时的认知及决策行为,在课题组所组织的调查中设计了问题:"前段时间,蒙牛乳业被曝出存在食品安全问题,您是否还会购买其产品?"结果表明,46.0%的样本消费者选择了暂时不会购买企业已曝光的那个产品品类,45.3%的消费者选择了对蒙牛的所有产品暂时不会购买,只有 6.8%的消费者选择了以后不会再购买,1.9%的消费者选择了购买行为不受影响。可以看出,即使获知企业出现了食品质量安全问题,也并非所有消费者都选择不购买其产品,即消费者对问题企业质量安

---

① 实证研究已表明,消费者的收入越高,对食品安全越敏感。

全水平信念的修正存在不彻底现象。而在凤凰网的调查中这一现象表现得更为明显,调查问题为:"您以后还会购买恒天然产品吗?"共有 115 510 位消费者参与了调查,结果显示,15.5%的民众选择"会,问题应该不大",63.1%的消费者选择了"不会了,太不安全",21.4%的消费者选择了"观望一段时间再说"(见图 6-1)。从该次调查中亦可看出,一方面,问题曝出后大部分消费者对恒天然奶粉的质量安全水平认知进行了修正,有 63.1%的消费者选择了不会购买,但另一方面,并非全部消费者都进行了修正,依然有 15.5%的消费者选择会购买。可见,食品企业曝出问题后,消费者对问题企业存在一定的容忍度,质量安全水平信念认知并非彻底修正,消费者的购买行为虽然会受到影响,但影响的程度并非一般研究假设中的完全转移。

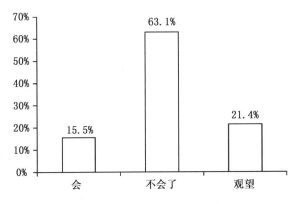

图 6-1　恒天然产品的购买意愿

再来看食品安全问题的行业波及效应。在课题组所组织的调查中,设计了问题:"发生此事(黄曲霉毒素超标)后,您认为其他乳品企业的安全状况如何?"调查显示,高达 76.1%的样本消费者选择了差不多,认为其他乳品企业的安全状况比蒙牛企业好的仅占到 10.3%,更为值得注意的是,尽管蒙牛乳业曝出了产品质量安全问题,依然有 13.6%的消费者认为其他乳品企业的质量安全水平要比蒙牛差。这说明一方面蒙牛曝出问题后,会产生较严重的行业波及效应,76.1%的样本消费者认为行业食品状况与之差不多,另一方面,消费者对我国食品安全信任度较低,13.6%的消费者认为"其他乳品企业的质量安全水平要比蒙牛差",也进一步验证了消费者对问题企业信念修正得不彻底。而在凤凰网的调查中,对于问题:"您是否认为洋奶粉就是安全产品?"共有 119 257 位消费者作了选择,其中,30.2%的消费者选择了"是,洋奶粉还是比国产安全",57.4%的消费者认为"不是,洋奶粉也不靠谱",12.4%的消费者认为"说不好"(见图 6-2)。而在课题组组织的调查中,对于发达国家食品与我国食品安全水平的比较中,有 71.7% 的样本消费者认为发达国家食品更安全,认为我国食品更安全的消费者仅占调查样本的 6.6%,认为差不多的消费者为 21.7%。可见,如果将洋奶粉作为一个细分食品行业市场,在没有出现"恒天然事件"前,绝大部分消费者会认为发达国家的奶粉(食品)更安全,但"恒天然事件"之后,消费者不但修正了对恒天然公司奶粉的质量信念,而且对整个国外奶粉市场质量信念都有所调整,即出现了较强的行业波及效应。

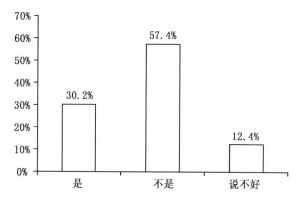

图 6—2 消费者对洋奶粉安全性的认知

两次调查结果均表明,信息不对称条件下,一旦行业内企业曝出存在食品安全问题,一方面消费者会对问题企业食品进行质量信念认知修正,但修正一般不彻底,另一方面,消费者对未曝出存在问题企业的食品质量信念认知也会进行修正,即行业内其他企业会受到问题企业的波及。现实食品市场的表现,也支持了食品质量安全的行业波及效应。如 2006 年的多宝鱼药物残留超标事件。2006 年 10 月,上海市食品药品监督管理局对 30 份多宝鱼采集样品进行了检测,结果发现这些多宝鱼样品全都含有硝基呋喃类代谢物,部分样品还被检测出多种禁用鱼药残留。11 月底,农业部通报了该事件的调查处理结果,3 家山东水产养殖企业因违规使用违禁兽药被查。但 3 家企业出现问题却给整个行业带来巨大的影响,多宝鱼事件发生后,山东约 5 000 万尾多宝鱼囤积,青岛市场上 90% 的多宝鱼滞销。[①] 总体来看,无论从消费者认知调查层面,还是从现实市场表现层面,都在一定程度上验证了本章关于食品质量安全信念认知假设的合理性。

六、本章小结

信息不对称条件下,由于生活的必需性、交易的频繁性与决策的瞬时性,消费

---

① 参见青岛应急网关于"2006 年多宝鱼事件"的报道,http://www.qdemo.gov.cn/151/727.html。

者对具体品类食品质量安全水平的判定更大程度上表现为一种信念认知,并且,这一信念认知影响了其购买行为,进而影响了企业的食品质量安全水平选择决策。本章在引入 Daughety 和 Reinganum(2008b)竞争模型的基础上,基于消费者对食品质量安全信念修正得不彻底及行业波及效应这一假设前提,从市场信念视角分析了食品企业质量安全决策的内在机理及促使食品企业改善食品质量安全水平的市场压力条件。研究表明,食品企业的质量选择不仅受到市场对问题企业自身质量安全信念认知的影响,还受到行业效应的影响,市场对问题企业食品质量安全水平修正得不彻底以及问题企业的行业波及效应,阻碍了企业改善食品质量安全水平的积极性。而从长期来看,问题企业被曝光的可能性以及市场对问题企业信念恢复的速度都会影响食品质量安全水平的提升。研究还表明,在其他条件不变的情况下,垄断可以在一定程度上促进食品质量安全水平的提升。另外,本章还从食品质量基础信念差异视角分析了我国食品企业与发达国家食品企业自律性不同的原因。最后,简要的实证分析表明了本章关于食品质量市场信念假设的合理性。

从以上研究结论可以看出,信息不对称是导致食品安全问题的内在原因,而促进企业改善食品质量安全水平的根本途径在于实现不同类别企业的可置信分离。基于本章研究,可以从以下三个层面思考改善我国食品安全状况。第一个层面:减少信息不对称。研究表明,信息对称条件下,生产高质量安全水平的食品将是企业的自发选择,可行的策略如建立可追溯体系、实施关键环节监控与信息公示等。第二个层面:完善质量安全的市场分离机制。研究表明,信息不对称条件下市场存在对食品质量信念的混同倾向,消费者对问题企业信念修正得不足与行业波及效应的过度,使问题企业得不到足够的市场惩罚,生产高质量安全水平的企业也因得不到有效的市场激励,集体败德便成为一种常态。因此,在信息不对称条件下可以考虑完善相应的信号机制,如保证相关认证的权威性,以及建立诚信记录体系,如黑(白)名单记录与公示制度等,以引导消费者的信念修正并防止过度的行业波及。第三个层面:提升消费者信心。研究表明,市场基础信念会影响提升食品质量安全水平激励条件的达成,而市场基础信念又反映了消费者对食品安全状况的总体认知。因此,在当前消费者对国内食品安全状况普遍不满的情况下,恢复消费者的信心显得尤为重要,可行的策略如规范舆论引导、实施相关教育、建立信息发布制度等。总之,食品安全的改善并非朝夕之事,在完善市场压力与激励机制的同时,加大政府监管力度、弘扬诚信文化等综合治理措施亦不可缺少。当然,本章在分析市场信念对食品企业质量安全决策影响之时,也存在诸多不足及需要拓展研究的地方,如本章所考虑的影响企业决策的收益条件比较单一,现实中存在更多的因素需要考量,如政府惩罚、声誉效应等。另外,从成本角度来看,企业存在一定的异质性,成本函数不尽相同。除此之外,本章模型的竞争结构处于一个封闭系统之中,而当前的食品市场是一个开放的市场,消费者的选择性更强,需求弹性也相应更大。以上条件都将在不同程度上影响本章的研究结论,也是进一步拓展研究的方向。

第 7 章

压力传导、资源配置与
食品供应链的安全治理

一、引言

随着经济的发展,我国食品产业已经发生了很大的变化,突出表现在环节越来越多,涉及的主体构成越来越复杂,食品的产销距离也越来越长,在此过程中,风险点也随之增多,食品安全的控制难度也越来越大,给食品安全监管与治理带来了挑战,也对食品安全的治理模式提出了要求。当前,无论从世界食品安全治理趋势来看,还是从我国新《食品安全法》的诉求来看,基于食品供应链的全程监管已经成为食品安全治理与风险控制的共识。食品安全的全供应链治理,对食品安全风险点进行无缝覆盖,应会对食品安全的保障起到积极的成效,但同时也对治理能力提出了要求。在食品企业诚信水平较高、市场机制相对完善且政府治理能力较强的条件下,辅之以食品追溯等技术手段,食品安全的全供应链控制将成为可能。但从我国的现实情况来看,食品产业构成相对复杂,行业诚信水平不高,社会共治效能尚未有效发挥,在监管资源有限的条件下,食品安全的全供应链控制将面临较大的困难。因此,当前我国食品安全的治理面临着两难困境:一方面,食品安全风险的多源性对全程治理提出了要求;另一方面,监管资源的有限性又约束了食品安全监管资源的全程充分配置。在此条件下,如何正视监管资源的硬约束,以更加合理有效的资源配置模式分配监管资源,便成为提高我国食品安全治理绩效的必要考量。另外,我国食品安全监管体系由分段监管向集中监管的转变,也为综合考虑供应链资源配置提供了条件,同时也提出了要求。

国内外基于供应链管控视角对食品安全的研究也取得了一定的成果。从国外研究情况来看,有些学者从食品安全的全程控制视角进行了研究(Coleman,1995),如 Aung 和 Chang(2014)总结了可追溯体系对食品供应链全程安全控制的意义;有些学者对供应链上的重点环节进行了研究并提出了控制建议(Bouwknegt et al.,2015),如 Monique 等(2004)通过建立随机状态转移模型,分析了沙门氏菌在猪肉供应链中的传播情况,发现育肥和屠宰环节是控制沙门氏菌的重点环节,Baert 等(2012)对果汁供应链受到棒曲霉素污染的情况进行了研究,通过建立定量风险评估模型分析发现,从苹果采摘到果汁生产的供应链过程中,可调储藏阶段是重点阶段,应予以重点控制;有些学者对食品安全控制的压力传导进行了研究,如Codron 等(2014)通过对摩洛哥和土耳其农民的访谈,分析了市场力量和食品安全体系对农户采用可持续性方式进行农业生产的影响。国内也有学者从供应链视角对食品安全的治理进行了分析,如陈瑞义等(2014)从供应链结构、信息不对称以及关系质量的视角分析了食品安全的治理,刘永胜(2015)从员工、企业和供应链环境三个层次对供应链上的安全风险进行了分析。总体来看,国内外在食品安全供应链控制领域的研究已有一定的成果,在国外的研究中从生物学视角进行微观个案分析的较多,基于经济学视角的一般性分析还比较少。另外,无论国内研究还是国外研究,多从监管方与风险源两类主体层面进行分析,对于生产经营主体间的压力传导机制关注得还不够。而从我国食品安全的现实治理情况来看,也未充分重视食品生产经营主体之间的压力传导与相互监督机制,从而导致了监管资源的配置不当,影响了监管绩效。基于此,本研究将通过对食品供应链上资源配置不同情形的模拟,考察资源配置方式、压力传导机制对食品安全治理绩效的影响。

二、我国食品供应链特点与安全风险

食品供应链涉及多个环节,如农产品生产、流通储存、加工及销售等,各环节参与主体又非常复杂,每一环节甚至每一主体都存在安全风险,而且相对工业品供应链,食品往往在任一环节都可以直接进入消费,因此安全管理的难度较大。之于我国来说,由于产业的细碎化等特点,食品供应链上的安全风险更加突出。

首先,主体规模小,行业集中度低。主体规模偏小是我国食品行业的主要特点。目前,农户、小商贩、小作坊等还是我国食品供应链上的最主要构成主体。从农产品生产环节来看,我国的特殊国情决定了当前及今后很长一段时间内,小农还将是我国农业生产的主要主体,农产品生产环节的主体规模将长期处在较小的规模水平。从食品加工环节来看,我国目前共有 40 多万家食品生产加工企业,其中规模以上企业仅有 3 万多家,比例不足一成,小企业占了绝对比重。我国食品供应链上其他环节的集中度也非常低。主体规模较小,不仅增加了食品安全监管的工作量,而且由于主体经营实力有限且退出成本较低,"大不了转行"的思想以及"罚无可罚"的境况使其往往不重视声誉投资,法规遵从的意愿较低,从而增加了食品安全风险。

其次,供应链较长,构成复杂。一方面,我国食品的产销地理距离越来越长;另一方面,食品产业链的参与主体数量庞大,食品供应链构成相对复杂。由于经营主体管理水平有限,信息不充分,市场不完善,我国食品产业参与主体及相应层级也相对复杂,从农产品生产到最终消费往往经过多次所有权的转移,存在多层次的经纪人、交易商,在导致我国食品交易成本较高、利润一再被分摊的同时,也给食品安全带来了风险。每经过一个环节,或是交易主体,在信息不对称及利润最大化的驱使下,道德风险的倾向将使食品安全风险进一步增加。

再次,供应链上核心企业缺乏。核心企业为了自身品牌声誉,有动力对供应链上的食品质量安全进行控制,并且由于核心企业规模实力较强,也有能力对供应链提出要求并进行质量安全控制。从发达国家的经验来看,核心企业往往是食品质量安全控制的主体,由于其对相应参与主体的甄别与管控,从而食品供应链运营相对规范,降低了食品安全的风险。但从我国的现实情况来看,目前食品供应链中的核心企业比较缺乏,对上下游的控制能力不强,在此条件下,行业自律的能力自然下降,食品安全风险的控制过度依赖政府监管,这也进一步导致了政府食品安全治理资源的紧缺,不利于食品安全风险的控制。

最后,食品供应链基础设施相对落后,运作效率较低。我国食品供应链的特点及风险情况不仅表现在主体构成层面,还表现在基础设施及运作层面。良好的设施、技术支撑以及运作水平,可以有效降低食品供应链安全风险。尽管发达国家食品供应链物理距离较长,但由于其设施设备、控制技术以及运营相对规范,食品供应链中的污染概率相对较低,食品安全风险也可以较好地控制。但对于我国来说,由于主体规模较小,经济实力往往有限,难以对供应链设施进行充分投资,造成了冷链物流不畅,操作也不规范,食品供应链上的污染相对严重。

三、压力传导机制与最优监管模式

我国食品供应链的特点,导致了食品安全的高风险,对监管能力提出了较高的要求,相对食品安全风险,监管资源的紧缺也就成为一种客观存在。只有合理配置既有监管资源,才能最大程度上应对食品供应链安全风险,提高监管绩效。

(一)基本假设

(1)假设食品供应链共存在四级环节,其中第三环节为高食品安全风险端,可以通过监测以及抽检等方式进行识别,而其他三个环节食品安全风险发生率相对较低。假设环节三食品安全风险的发生概率为0.2,环节一、二、四的风险发生概率都为0.1(见图7—1)。

(2)假设食品安全的危害系数为h,并且,安全问题发生距离终端越远,其危害性越大,即当食品安全问题发生在第四环节时,其危害为h,发生在第三环节时,其

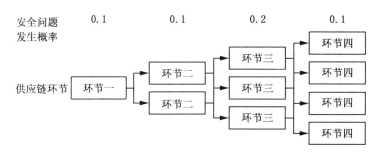

图7—1　食品供应链安全风险情况

危害为$2h$,发生在第二环节时,其危害为$3h$,而食品安全问题发生在第一环节时,其危害为$4h$。这一假设的理由是,随着问题食品向下游的传播,其将以不同的形式进入新食品之中,无论从污染的数量来看,还是从危害性来看,都将有所提高。

（3）假设配置监管资源治理后的食品安全发生概率为：$p=\left(P-\dfrac{x}{10a}\right)$,其中$P$为供应链环节食品安全发生概率,$x$为投入监管资源量,即$a$单位监管资源配置在具体环节可以有效控制该环节0.1的食品安全风险发生概率,例如向环节一配置a单位的监管资源,将有效抑制该环节的食品安全风险发生。

由此假设可知,如果食品供应链上存在$5a$的食品安全监管资源,将可有效控制供应链食品安全问题的发生。

（4）假设食品安全监管资源总量为$3a$。

从以上假设可以看出,若食品供应链上没有监管资源,即不存在监管,最终供应链上食品安全问题所造成的危害将为：

$$0.1\times4h+0.1\times3h+0.2\times2h+0.1\times h=1.2h \tag{7—1}$$

（二）不考虑压力传导的监管资源配置与监管绩效

基于基本假设,不同的食品安全监管资源配置模式,将产生不同的监管绩效。

情形一：监管资源的平均配置

平均配置监管资源是最简单的资源配置模式,现实中也非常普遍,在食品安全分段监管时期,由于各监管部门在行政上的对等关系,获取资源的能力也在一定程度上趋同,每个部门为争取资源而进行博弈的结果往往最终表现为各环节监管资源的相对平均配置。在本研究假设下,将$3a$的监管资源平均配置到食品供应链环节之中,此时每个环节将可以分配$3a/4$的监管资源,最终供应链上食品安全所造成的危害为：

$$\left(0.1-\frac{3}{40}\right)\times4h+\left(0.1-\frac{3}{40}\right)\times3h+\left(0.2-\frac{3}{40}\right)\times2h+\left(0.1-\frac{3}{40}\right)\times h=\frac{9}{20}h$$

$$(7-2)$$

在此情形中,环节一最终所造成的危害为$\left(0.1-\frac{3}{40}\right)\times4h=\frac{4}{40}h$,环节二、三、

四所造成的危害分别为$\frac{3}{40}h$、$\frac{10}{40}h$与$\frac{1}{40}h$。由于食品安全危害会随着供应链的传递

而出现一定的放大效应,因此,在同等风险发生概率条件下,安全问题发生时距离

供应链终端越远,最终造成的危害也将越严重。在本研究的假设中,第三环节作为

食品安全的薄弱环节,其危害发生概率相对较高,因此所造成的危害也相对较严

重。

情形二:始端优先的监管资源配置

由于食品供应链每一环节发生食品安全问题对食品安全的最终危害是不同

的,在基本假设下,平均配置监管资源或许不是最优的选择,根据问题产生的供应

链放大效应,优先将监管资源配置在前端环节,即优先配置在第一环节,如有监管

资源剩余,再配置在第二环节,依次类推,或将改善监管绩效。基于本研究假设,$3a$

的监管资源可配置在前三个环节,此时最终的食品安全所造成的危害为:

$$\left(0.1-\frac{4}{40}\right)\times4h+\left(0.1-\frac{4}{40}\right)\times3h+\left(0.2-\frac{4}{40}\right)\times2h+0.1\times h=\frac{3}{10}h \qquad (7-3)$$

由式(7−3)可以看出,由于资源优先保证了始端环节,因此,前端危害风险可

以较好地控制,最终的危害为$\frac{3}{10}h$,相对平均配置监管资源,监管绩效有了提升。

情形三:兼顾前端及重点环节的资源配置

尽管食品供应链上各环节都存在食品安全风险,但由于各环节的主体构成、对

食品的操作及处理方式,以及基础设施的差异,一般来说,食品供应链上各环节的

食品安全发生概率并不相同,存在安全风险的易发环节,通过对历史监测数据的分

析,监管部门往往对于食品安全风险的重点环节有一定的认知,这些环节也理应成

为食品安全监管的重点。由式(7−1)可知,如不加控制,环节三的危害为$0.4h$,环

节一的危害也为$0.4h$,若监管资源充分配置在这两个环节,即环节一与环节三分别

配置a与$2a$的监管资源,则此时最终的食品安全危害为:

$$\left(0.1-\frac{4}{40}\right)\times4h+(0.1-\frac{1}{20})\times3h+\left(0.2-\frac{8}{40}\right)\times2h+0.1\times h=\frac{1}{4}h \qquad (7-4)$$

此时的监管绩效进一步优化,最终供应链上的食品安全危害降为$\frac{1}{4}h$。由此可

以看出,一方面食品安全的监管资源配置对食品安全的监管绩效有着明显影响;另一方面,平均配置监管资源的效率较低,监管资源配置过程中应重点考虑食品安全发生环节以及食品安全问题的风险概率,即食品安全所造成的危害。

(三)考虑压力传导的监管资源配置与监管绩效

由上文分析可以看出,将监管资源配置在食品供应链的终端或是平均配置均是无效率的。但现实中,一方面食品安全监管资源并非仅配置在食品供应链的前端,另一方面,以上的分析表明,在食品安全监管资源有限的情况下,由于有限的资源难以实现供应链风险环节的全覆盖,食品安全问题将不可能被解决,食品安全问题的发生将成为必然。为了进一步解释食品安全监管资源的配置现实,并破解食品安全治理中资源约束困境,在此引入食品监管的压力传导机制。

在不考虑合谋等情形下,假设食品安全监管存在供应链上的压力传导机制,即对下游食品生产经营主体的管控及责任追究机制,将促使其对上游原材料进行控制,并将管控食品安全风险的压力向供应链上游传递,从而在一定程度上抑制食品安全风险的发生概率。在引入压力传导机制的条件下,食品安全的监管着力点将会出现变化,由于监管压力的上溯性,对食品供应链下游或终端进行控制将变得更加有效。假设下游的完全监管对上游食品安全风险发生的抑制率为 x,若要使食品供应链获得安全保障,需要投入的监管资源为 ya 单位,则:

$$ya = a + 0.2 \times (1-x) \times 10a + 0.1 \times (1-x) \times 10a + 0.1 \times (1-x) \times 10a,即$$
$$y = 1 + 4(1-x) \tag{7-5}$$

此时,监管资源的投入量是压力传导效力的函数,监管压力传导效力与监管资源需求负相关,当压力传导效力为 100% 时,监管资源仅需配置在食品终端,所需监管资源量也最少,a 单位监管资源量即可保障食品供应链安全,而当监管压力传导效力为零时,即不存在压力传导机制,则需要在食品供应链上配置 $5a$ 的监管资源才能抑制住食品安全风险(见图 7-2)。

现实中,食品供应链主体间的压力传导难以做到 100%,但一般也不为零,而是介于两者之间,若要以 $3a$ 的食品安全监管资源控制食品供应链上的食品安全问题,则要求满足以下条件:

$$a + 0.2 \times (1-x) \times 10a + 0.1 \times (1-x) \times 10a + 0.1 \times (1-x) \times 10a = 3a \tag{7-6}$$

求解式(7-5),可得 $x=0.5$,即供应链环节主体对上游食品安全风险抑制率达到 50% 时,通过终端完全配置监管资源以及其他各环节依据风险发生概率分配监管资源的模式,可实现食品安全风险的较好控制。此时,各环节的监管资源配置为:终点环节即环节四配置 a 单位监管资源,该环节安全风险将依靠政府监管得到

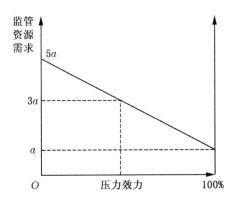

图7—2　监管压力效力与监管资源需求

较好管控,并通过责任机制实现向上游压力传导,使上游即环节三的食品安全风险
发生概率降低 50％,在其他环节,食品安全基于压力抑制安全风险降低 50％时,
一、二、三环节所需监管资源分别为 $0.5a$、$0.5a$ 和 a,在压力传导风险抑制及政府监
管的综合作用下,食品安全风险得到较好的管控(见图 7—3),此时的监管模式处
于最优状态。

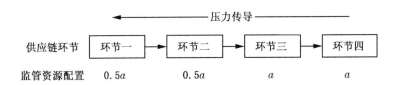

图7—3　监管压力传导下的食品安全监管资源配置

　　在资源约束的条件下,供应链上食品安全的保障,取决于两个条件:一是压力
传导效力必须达到一定的水平;二是监管资源的合理配置。在这两个条件不能被
满足时,食品安全风险将难以被较好地管控。假设 $x \leqslant 0.5$,即供应链环节主体对
上游食品安全风险抑制率小于等于 50％时,在 $3a$ 监管资源约束条件下,最优监管
资源的配置将要综合考虑压力传导、始端安全风险危害以及重点环节安全风险危
害。而当压力传导效力达到一定要求,资源配置模式不合理时,如平均分配监管资
源,或关注始端环节,则监管绩效也将受到影响。一方面,在环节风险不能完全管
控时,其上溯的压力传导将会减弱;另一方面,过于关注始端保障的资源配置模式
没有充分利用压力传导的风险抑制效力,从而使监管资源存在一定程度上的浪费。

四、实证考察

从以上模拟分析可以看出,尽管我国食品供应链安全风险相对较高,在资源有限的条件下难以实现供应链上的全程监管,但理论上依然有可能通过增加压力传导的效力及改进监管资源配置,提高食品安全治理绩效。但现实中,或由于认知的不充分,缺乏相应合理的措施,食品供应链上压力传导机制尚未充分形成,压力传导效力还不强。另外,尽管我国已由分段监管走向集中监管,但监管体制改革的不彻底依然影响了监管资源的合理配置。

（一）压力传导机制未充分形成

供应链上对食品安全风险控制的压力传导是节约监管资源、提高监管绩效的重要条件,但从现实情况来看,经营主体来自上游的食品安全控制的压力并不大。课题组于 2012 年 10 月份对江苏省蔬菜种植农户的农药投入情况进行了微观调查,其中,23.95%的菜农在生产过程中明确表示农药的投入超过说明书用量,对农产品的质量安全造成了潜在的影响。而从蔬菜的供应链交易情况来看,22.24%的菜农与下游签订了销售合同。假如蔬菜供应链主体间存在较强的压力传导,则合理的推论应是签订合同的菜农将更加规范实施农药。而分析的结果却没有支持这一假设,计量的结果见表 7—1。其中,gender 代表性别,男性=1,女性=0;age 代表样本年龄;edu 为教育水平,小学或以下=1,初中=2,高中=3,大专或以上=4;people 为样本家庭人口;job 代表收入主要来源,种地=0,其他=1;land 为样本菜农种菜面积;income 为样本菜农种菜收入;year 代表样本菜农种菜年限;greenhou 代表种植方式,大棚种植=1,其他=0。表 7—1 中,(1)、(2)栏为 OLS 回归,(3)、(4)栏为 PROBIT 模型下的回归,(2)、(4)栏加入了控制变量。从表 7—1 的回归结果可以看出,各次回归均表明,签订合同的菜农其农药投入的规范性并没有提高,相反,签订合同反而成为超量投入农药的激励。由此可见,蔬菜采购者并未给供应链上游的蔬菜生产者带来规范性生产的压力。

表 7—1　　　　　　　　合同对蔬菜生产者规范施用农药的影响

	(1)	(2)	(3)	(4)
contract	0.097** (0.040)	0.100** (0.042)	0.296** (0.126)	0.320** (0.137)
gender		0.092*** (0.034)		0.296** (0.115)
age		−0.002(0.002)		−0.008(0.006)
edu		−0.023(0.022)		−0.083(0.075)
people		−0.021* (0.012)		−0.074* (0.041)
job		−0.079** (0.034)		−0.266** (0.114)

	（1）	（2）	（3）	（4）
land		0.001**（0.000）		0.003**（0.001）
income		0.000（0.000）		0.000（0.000）
year		0.000（0.002）		0.000（0.006）
greenhou		−0.069**（0.035）		−0.227*（0.118）
_cons	0.218（0.019）	0.499（0.123）	−0.779（0.063）	0.164（0.419）
Adj（Pseudo）R²	0.007	0.0377	0.008	0.0467

注：***、**、*分别代表在1%、5%及10%的水平上显著；括号内为回归标准差。

　　另外,课题组于2011年对无锡市区7个农贸市场（菜市场）的实地调查,共获得有效商户样本问卷267份。作为农产品供应链的下游主体,农贸市场环节食品安全问题很大部分属于上游传递性问题,针对"在所购进货物中发现有对方故意的质量安全问题",有77.2%的商户选择了放弃合作,18.4%的商户选择继续考察,4.4%的商户认为如果价格较低,应继续合作。可见,部分经营户对上游食品安全问题存在一定的容忍度。

　　以上微观调查表明,我国食品供应链上尚未形成富有效力的压力传导机制。究其原因,主要可以归结为以下几个方面：首先,合谋利益的驱动,利益是食品安全问题产生的主要诱因,在利益的诱导下,供应链上下游存在合谋的倾向,导致食品安全问题沿供应链的传播,在此条件下,供应链下游不但没有对上游形成监督压力,而且在一定程度上通过合谋与掩饰,助长了上游的违规行为。从现实的事例来看,无论是瘦肉精事件、地沟油事件,还是速生鸡事件,下游采购商对上游的行为都存在一定程度的知晓,但又默许了上游的违规行为,而这种默许很大程度上因为价格上的诱惑或是寻租行为的出现。其次,信息不对称条件下客观因素的制约。在我国当前食品产业规模集中度不高、组织细碎的条件下,依靠供应链上的压力传导机制抑制食品安全风险也存在很多现实的制约因素,特别是由于信息的不对称,下游采购商往往没有能力对上游产品进行充分的质量安全检验与识别,因而上游便存在一定的机会主义倾向。最后,制度的缺失。无论是食品供应链上的合谋还是机会主义倾向,都需要制度加以约束,但我国目前尚未形成强有力的责任追究机制及激励机制,或制度的有效性和强度没有充分发挥。目前,制度约束的重点较多关注食品安全问题的制造者,而对于问题的传播者,特别是不作为式的传播者,则约束的力度还不够,"不知者不罪"的既有文化,对食品供应链主体的不作为形成了潜在的激励。

　　（二）监管资源配置不合理

　　由以上分析可以看出,食品安全的配置模式对食品安全风险的抑制、食品安全问题危害的管控有着直接的影响,当食品供应链上的责任机制较弱时,食品安全监管的资源配置应抓住始端环节以及重点环节,才能最大化监管效能;而当供应链上存在较完善的食品安全压力传导机制时,监管重点也将转变到终端,监管资源的投入也可以得以降低。从国际食品安全监管的趋向来看,由于食品产业存在较强的自律性,在食品安全治理过程中,注重全程监管的同时,更加关注建立终端的责任机制,以供应链上的压力传导实现对食品安全风险的管控。而从我国的现实情况来看,食品供应链上的压力传导机制尚未完善,相关资源的配置也没有达到有效协同。前期分段监管模式下,各监管职能部门仅负责一个供应链环节,监管资源在一定程度上存在平均分配的情况,且一旦出了问题,最直接的反应便是推责,将责任推向上游监管的不力而导致的问题传导。尽管自2013年起我国的食品安全监管已逐步走向统一监管模式,但在具体推进过程中,前期分段监管的思想仍然存在,组织的设置在一定程度上阻碍了监管资源的合理配置。在最近一轮机构改革中,原先由不同部门负责的内容,虽统一划归食品药品监督管理部门负责,但部门内部的资源配置依然存在一定程度的平均与割裂。从国家层面来看,除农业部门负责农产品生产质量安全外,食品生产、流通以及餐饮环节都已整合到国家食品药品监督管理总局,但在总局内部依然根据相应环节进行了责任划分(见图7-4),食品安全监管一司主要负责食品生产加工环节的食品安全,食品安全监管二司负责流通和餐饮消费环节食品安全监管。而从地方监管组织来看,亦是如此,以上海市食品安全监管为例,上海市食品药品监督管理局内部分别划分了食品生产监管处、食品流通监管处和食品餐饮监管处,以具体负责各环节食品安全监管(见图7-5)。由此可以看出,我国目前的食品安全监管资源在配置过程中,尽管总体上大部分集中在了一个部门,但部门内部依然存在按环节的责任划分,原来分段监管存在的问题依然会在一定程度上存在,只不过变得更加隐蔽,食品安全监管资源仍存在供应链环节平均配置倾向,这必然会在一定程度上影响监管绩效。

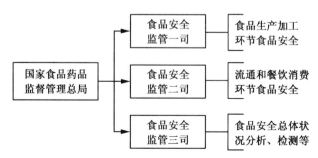

图7-4　国家食品药品监督管理总局食品安全监管内部分工

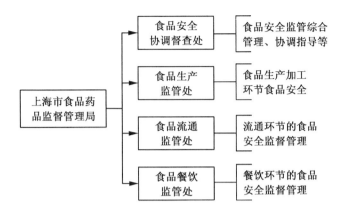

图7—5　上海市食品药品监督管理局食品安全监管内部分工

五、本章小结

体量的增加、技术的发展、业态的变化,使我国食品产业链上的安全风险进一步增加,在消费者诉求逐步显现的条件下,治理的压力越来越大,如何在既有资源约束条件下提高治理绩效,必然要求对监管资源进行合理配置。本章的研究表明,不同的食品供应链监管配置模式对监管绩效有着重要的影响,分段监管式的资源平均配置模式绩效并不佳,考虑供应链上危害随环节传导放大的始端配置,以及考虑薄弱环节与重点环节配置,可以在一定程度上提升监管绩效,但由于监管资源有限性的约束,单纯依靠政府监管的食品安全治理模式仍难以实现食品安全风险的全面抑制。在引入供应链压力传导机制后,监管资源的配置理念将发生较大变化,通过终端资源的充分配置与风险管控,并建立上溯的压力传导,即便政府监管资源相对紧缺,理论上仍可以实现食品供应链安全风险的较好控制,达到食品安全治理的目的。总体来看,解决我国食品安全治理困境的路径主要存在两个层面:一是激活食品供应链主体在食品安全治理中的作用,提高供应链上压力传导的效力,在一定程度上弥补政府监管资源力量的不足;二是破除监管组织的人为壁垒,优化监管资源的供应链配置,在保障终端压力上溯效能的同时,使资源向始端与重点风险环节倾斜。

从供应链上压力传导机制的完善来看。由于我国食品产业体量巨大,且尚未形成完善的市场诚信环境,食品安全的治理,仅仅依靠政府监管资源是远远不够的,资源的稀缺也就成为必然。供应链上的压力传导机制,即进一步落实企业主体责任,借助食品供应链上主体的监督与约束力量,实现对上游或关联交易主体食品安全风险的抑制。本章的研究表明,压力传导效力与监管资源的需求负相关。因此,在资源约束条件下,若要提高我国食品安全的治理绩效,实现对食品安全风险的全供应链抑制,必然要求提高压力传导的效力。而从可行的措施来看,首先强化主体责任机制,一方面加强食品生产经营主体自身违规的处罚力度,另一方面进一步增加对食品交易过程中安全风险检验的要求,对食品安全问题风险传导过程中不作为的行为追究连带责任等。其次,整合食品供应链结构,培育核心企业,食品供应链主体的细碎化不但增加了食品安全风险,也不利于食品安全的控制压力传导,因此,应适当引导中小经营主体的联营(如农业合作社)、培育供应链上的核心企业,该类组织不但自身具有较强的自律性,而且有动机、有能力对供应链上的其他经营主体提出要求,从而实现供应链上食品安全治理的压力传导。再次,完善社会诚信与激励体系,通过进一步完善质量信号体系、黑(白)名单公示等,逐步提高我国食品行业的诚信水平与自律水平,使注重食品安全的诚信企业获得市场的认可与价值溢出,激励食品生产经营主体对上下游进行控制。最后,建立可追溯体系,食品安全压力传导机制缺乏效力,很大程度上源于信息不对称,导致下游对上游难以实现有效的监督,通过建立可追溯体系,则可以实现问题的溯源与定位,从而增强压力传导的效力。

从资源配置的优化来看。面对庞大的食品产业及不断增加的消费者诉求,我国食品安全监管资源的不足已是一种客观现实,提高监管效能关键在于提高监管资源的利用效率,这就对资源的合理配置提出了要求。首先,打破监管资源配置的既有组织性阻碍。当前我国食品安全的监管体系在某种程度上仍然是分段监管模式,只是更加隐蔽,势必会对食品供应链上监管资源的配置造成一定的影响,因此应进一步建立组织内部的资源共享与协同调配机制,防止资源配置的平均倾向。其次,通过检测与评估,借助大数据等技术,确定每一细分食品品种供应链的重点环节与薄弱环节,为监管资源的合理配置提供必要的支撑。基于经济学理论,只有当资源的边际效能相等时,资源的配置才是最优的,由于每一食品品类存在不同的操作环节,安全风险差异明显,因此,只有对食品供应链上的风险情况进行充分的认知,才能为有效的资源配置提供条件。最后,加强对终端环节的资源配置力度,统筹资源配置与压力传导,通过供应链上的压力上溯,以终端监管资源激活食品行业自律,提高监管资源的效能。

总之,面对我国复杂的食品供应链构成及有限的监管资源,必须谋求监管模式的变革,重置监管资源,并激活食品供应链间的安全治理压力传导机制,只有这样,才能从根本上克服资源不足的现实,实现食品安全的治理目标。

第8章

基于压力传导的食品安全
社会共治优化分析

一、引言

　　食品安全问题不仅是企业产品质量问题,而且是产业经济问题,因为其关乎人的生命健康,已成为重要的社会问题。近年来,我国频繁发生的食品安全问题事件,使人们对食品安全的诉求进一步显性化,政府也在这一压力氛围下加大了治理力度,出台了一系列法律法规,重构了监管体系,食品安全治理体制机制得到了一定的完善。但由于我国食品生产经营主体规模较小、数量众多,在发展水平约束以及社会诚信体系尚不完善的条件下,政府部门的监管或者法律的威慑作为违规问题发现概率的函数,仅仅是一种期望威慑,在巨大利益的诱惑下,食品安全问题仍屡禁不止,尽管政府一再加大监管资源的投入并且优化监管模式,但由于监管资源有限,单纯依靠政府的监管,效果并不理想。

　　意识到政府单一主体治理的局限性,呼吁调动更多社会资源参与食品安全治理已达成了共识(杨小军,2013;丁煌、孙文,2014),新修订的《食品安全法》,也因应了对食品安全社会共治理念模式的诉求。但从现实情况来看,我国目前食品安全的社会共治尚未发挥出应有的绩效。从理论研究层面来看,已有部分学者对食品安全的社会共治问题进行了一定的探讨,总体来看主要集中在两个层面:一是认为政府一元治理模式存在弊端,因而论证了社会共治的必要性,如李静(2015)认为,鉴于"一元单向分段"监管机制之弊端,应通过"多元网络协同"实现食品安全社会共治;二是对食品安全社会共治中主体作用机制进行分析,如刘飞、孙中伟(2015)认为国家向社会释放和自身再造是食品安全社会共治的前提,社会的发育与成长是食品安全社会共治的基础,而国家、市场与社会之间的协调,是食品安全社会共治的关键。而关于食品安全社会共治的运作机理与具体方式,研究中涉及的还不多,已有的研究大都停留在主体间的协同、交流与信任等自发机制层面。因此,无论从理论研究层面来看,还是从社会治理现实层面来看,目前我国就食品安全社会共治的认知还不充分,对其理论机理有待进一步研究,现实运作绩效也有待进一步提升。基于此,本章将从食品安全问题产生的原因入手,对食品安全的治理机理、食品安全社会共治中可利用的主体资源分布以及存在问题进行分析,并提出优化食品安全社会共治的基本建议。研究认为,尽管我国目前已提出了食品安全社会共治的理念,但依然存在主体资源参与治理的动力不足、协同效果没有充分发挥等问题,而要真正实现食品安全的社会共治,应进一步明晰相应主体的责任,并构建压力传导机制,以压力机制对社会共治主体资源进行整合,压缩食品生产经营主体违规隐藏空间,并最终干预食品生产经营主体违规收益预期,从而达到改善其生产经营行为、提升食品安全水平的目的。

二、食品安全问题产生的原因

食品安全问题的表象复杂,如不当添加、菌落超标等,但从主体层面来看,主要可以归结为两个层面:一是行为主体的主动违规,如对食品进行不当添加等;二是主体的消极不为,如没有按照要求进行食品安全风险防范等。主动违规意在获取更高的收益,而消极不为也可以为企业节约成本开支。总体来看,无论是主动违规,还是没有按照规定要求进行操作而产生的食品安全风险,食品安全问题背后的诱因在于行为主体对效用或利润最大化的追求。在没有外在因素干预的条件下,理性的行为主体为了实现自身利益的最大化而主动违规或是消极降低规范性水平,从而造成了食品安全问题的产生。尽管逐利是商人的天性,但当前条件下,外在环境的变化进一步影响了食品安全问题产生诱因的强度。首先,竞争的压力。总体来看,我国食品行业已接近充分竞争,经营者已进入微利时代,在竞争的压力下,经营者便有了更强的违规动机。以中国乳业为例,在前些年监管相对薄弱的情况下,乳业市场的快速发展与竞争使市场有了"得奶源者得天下"的认知,各大乳品企业为了应对竞争,掌控奶源而放松了对原料质量安全的控制,最终导致乳业的安全危机。其次,技术的发展。食品工业、化学技术的快速发展,在推动食品产业进步的同时,也给食品经营主体的违规带来更多的诱惑,各种添加剂层出不穷,存在巨大的利润空间,诱使许多经营者铤而走险。以河南瘦肉精事件为例,不仅瘦肉精的生产者、销售者获得巨大的利润,终端养殖户因之可提高50%的利润。

对利润的追求是促使食品生产经营主体主动违规或消极不为,从而诱发食品安全风险的本质原因,但行为主体决策之下食品安全问题的最终产生,还取决于一个必要的条件,即信息的不对称。即便不考虑政府监管的介入,食品最终转化为经营主体利润,还要经过市场交易。在完善的市场体系中,若信息对等,消费者对食品的质量安全属性有清楚的认知,则基于常识性偏好,问题食品将没有市场,经营主体的违规行为也难以获得相应的价值回应,即最终的市场均衡将受到市场认同的影响。但在现实中,食品的安全属性很大程度上表现为信任品,特别是在现代加工技术的掩盖下,即便消费者消费后往往也难以对食品的质量安全作出正确的判断,从而消费者不具备对食品安全性进行对等市场支付的能力。总体来看,由于信息不对称,食品生产经营主体便可以很好地隐藏自身的违规信息或是行动,信息越不容易被发现,违规的期望收益也就越高,也因此对食品生产经营主体产生越大的激励。当前,随着食品产业链的延长以及加工技术的发展,食品的质量安全信息更大程度上成为生产经营者的私人信息。从食品的产业链特征来看,随着分工的细化,食品产业一方面所经主体环节越来越多,另一方面产销的地理空间距离也越来越长,极大地增加了质量安全关联信息量,也在一定程度上使问题食品信息更容易隐藏。从加工工艺发展层面来看,随着化学工业的发展,更多的外源物质被引入食品之中,不仅改变了食品的外观特征,也改变了食品的味觉体验,消费者仅凭传统的感官已很难识别食品质量安全信息,问题食品在各种添加剂的掩盖下,依靠传统方式识别的概率也越来越低。

三、食品安全社会共治主体资源分布及共治机理

(一)治理资源的构成与分布格局

食品安全的社会共治,就是要充分利用不同主体资源,实现对食品安全的有效治理。而从食品安全治理主体的构成来看,社会中只要可以被调动起来参与食品安全治理的主体资源,都可以纳入食品安全的共治体系。食品安全治理的可利用主体,主要可以分为四类:一是政府食品安全监管部门,如卫生部、食药监局、农业部等,这也是传统的食品安全治理责任部门;二是消费者、消费者团体、媒体等,这是社会资源中分布最广的主体资源;三是第三方组织,如食品认证机构、检验机构等,这类组织也是食品安全治理中的重要力量;四是食品经营主体及食品行业协会等,这类主体是食品安全问题主要责任方,同时也负有监督产业食品安全的责任与能力。尽管各类主体均可在食品安全治理中发挥重要作用,但相对于食品安全问题源,各类主体的分布却存在一定的差异,主要表现在两个层面:一是物理距离,即直接面对食品安全问题的距离;二是治理距离,即食品安全监管的责任介入程度。具体来看,政府监管部门并不参与食品的直接交易,但可通过抽查等手段获取食品安全问题信息,因此其距离食品安全问题源的物理距离表现为"中",而从治理距离来看,由于其直接负有保障食品安全的责任,因此其治理距离最近;对于公众来说,由于多数消费者往往仅处于食品安全问题的外围,因此相对食品安全问题源的物理距离较远,而由于其尚未有约束式食品安全治理责任,因而治理距离也相对较

远;第三方组织尽管也不参与食品交易,但由于食品安全的相关认证、监测等都需要其参与,因而对于食品安全问题源的物理距离与治理距离都表现为"中";对于食品企业来说,由于食品供应链的关联性,企业对行业的了解比较深入,发现问题的概率较高,物理距离表现为"近",但在治理过程中往往自律性与主动性的动机并不高,治理距离表现为"中"。在食品安全的社会共治体系中,尽管各类资源的作用与重要性都是不可替代的,但各类主体类型的分布依然在一定程度上影响了其在食品安全治理体系中的权责与效能,食品生产经营主体以及政府监管部门作为最主要的食品安全自律责任方及监管责任方,在食品安全治理中的权责相对较强,但由于企业往往会受到利益的诱导而出现合谋现象,因此现实中企业的治理能效并不强。另外,公共组织以及第三方组织在治理能效方面相对较弱(见表8—1)。[①]

表8—1　　　　　　　　　　　社会共治主体资源分布

主体类型	物理距离	治理距离	治理能效
政府相关监管部门	中	近	强
公众及媒体	远	远	弱
第三方组织	中	中	弱
企业及行业协会	近	中	中

(二)食品安全共治的机理

食品安全问题产生的根本诱因在于行为主体对利润的追求,而基本的条件在于信息的不对称,基于此,对食品安全问题的治理也主要存在两条路径:一是在产生诱因上做文章,即对食品企业违规或不作为的收益进行干预;二是破坏食品企业违规的条件,即弱化食品安全信息不对称的条件。传统的食品安全治理主要由食品安全监管部门负责,监管部门主要通过加强抽查与巡检,及时发现不合格食品,压缩问题企业的隐藏空间,从而达到破坏食品企业违规条件的目的,通过加大对违规企业的惩罚力度,提高违规成本,弱化企业违规的诱因。但传统单极责任式食品安全治理体系往往由于政府监管部门的资源约束而导致治理效能有限。一方面,作为独立于市场之外的监管力量,其信息的获取渠道狭窄;另一方面,行政式的惩处对食品生产经营主体的威慑存在清晰的边界,一旦潜在的违规收益超过可预知的惩罚边界,违规将成为一种常态。在此条件下,如何进一步干预行为主体违规的收益预期,或是压缩不良企业的隐藏空间,便成为提升食品安全治理绩效的着力方向。

---

① "弱"的表述是一个相对的概念,特别是在新媒体等媒介的作用下,公众及媒体的力量对食品安全的治理亦相当重要,食品安全的社会共治,即是要提升相对"弱"的公众治理权能,使之具有充分的话语权。

　　食品安全社会共治理念的提出,因应了单极治理模式下的困境诉求。在落实企业主体责任的同时,引入公众、媒体、行业协会、相关团体等主体资源广泛参与食品安全的监督治理,其理论机理可以概括为:首先,通过引入社会力量,对企业进行充分监督,从而增加了违规企业被发现的概率,特别是强化供应链上进货检验、激励公众举报等措施,极大地压缩了食品生产经营主体的违规空间,由于供应链上企业或是公众是直接参与交易的利益相关方,从理论上来讲已做到了交易食品的全覆盖,并且,供应链上的企业往往更熟悉食品安全的风险点,降低了信息不对称程度。其次,通过引入公众、媒体等食品安全治理力量,除了通过提升对违规企业的发现概率而降低了违规企业的收益预期外,对于违规企业来说违规成本已不仅仅是行政性处罚,而且将对企业的声誉、预期的市场产生影响,并且这种影响没有清晰的边界,其效果往往远超过行政性处罚,将对违规企业的收益预期产生较大影响。另外,食品安全的社会共治机理,并非仅表现在监管资源的外扩,更重要的,还在于通过不同监管资源间的约束与协同,形成食品安全监督与压力传导的闭环,如公众、媒体等不但对食品生产经营主体进行监督,而且还将对政府监管部门进行监督,从而避免了单一主体监管模式下的合谋或是寻租行为。

　　总之,从理论上来讲,食品安全社会共治基本的目标在于通过治理资源的引入与扩充,并使社会资源相互协同形成压力传导闭环,从而最大限度激励相应主体积极作为,弱化食品安全信息的不称,提高违规食品生产经营主体的预期损失,促使食品生产经营主体改善行为,进而提高食品安全的治理绩效。

四、各主体参与共治作用机制及存在的问题

（一）不同主体参与共治的作用机制

　　食品安全的社会共治,既需要了解可利用的社会资源,更需要明确主体资源的动力以及作用机制。从公众层面来看,公众作为食品安全问题的最终承担者,在食品安全总体形势不容乐观的背景下,理论上讲其自身存在参与治理的内在动力。在食品安全共治体系中,公众不仅作为食品安全问题的发现者与举报者,而且其对食品安全诉求及监督所形成的压力,一方面以舆论的形式作用于政府食品安全监管部门,另一方面以购买决策的形式通过市场作用于食品经营主体。政府执政的主要目的在于满足最广大人民的诉求,公众的要求与不满也自然成为政府行政的主要压力。尽管企业是食品安全问题的责任主体,但公众更倾向于将压力传导至政府以及相关食品安全监管部门。但现实中由于普通消费者对具体监管部门的考核没有决定权,因此,公众对监管部门的压力主要表现在舆论压力层面。^①公众所形成的食品安全监管压力除了作用于政府食品安全监管部门外,还会以市场购买主体的角色,通过购买行为有针对性地对企业形成压力。当然,在市场机制还不完善的条件下,公众未必会以较为统一的行动给企业带来实质性的压力。

政府作为食品安全治理的直接责任主体,其对食品安全治理的动力主要源自两个层面:一是对消费者舆论压力的承接与传导,表现为间接的动力;二是自身职责的履行,表现为直接的主观动力。因此,政府既是食品安全治理压力的承接主体,又是压力的产生与传导主体。从压力的承接与传导方面来看,由于政府食品安全监管部门存在的合理性在于其保障食品安全的使命,消费者或舆论对食品安全的诉求必然会给政府监管部门带来压力。但由于我国行政体制因素,食品安全监管部门的考核往往掌握在上级政府部门手中,因此,消费者对食品安全监管部门所形成的压力往往会受到上级部门重视程度的影响。而从治理动力的主观产生方面来看,政府监管部门行政职责使其必须对食品生产经营相关主体行为进行监督。

从企业层面来看,食品企业作为食品安全的责任主体,不良企业是食品安全问题的产生源,但由于食品从生产到消费之间一般需经过多个主体企业,而对于供应链上的企业,特别是下游企业来说,为了保证自身食品质量安全,有必要对上游产品进行检验与控制,因此,企业也是食品安全共治的重要力量,甚至是最直接主要的力量。食品企业之所以会成为食品安全共治的主要主体,主要基于三方面的原因:一是对政府监管部门压力的传导。食品企业为了使食品符合国家法律标准要求,免于监管部门处罚,在政府治理机制有效发挥的条件下,企业势必要按照法律及监管部门的要求,确保食品安全。二是为赢得市场而对上游施加压力。目前,国内食品市场快速发展,企业间的竞争异常激烈,品牌声誉已经成为企业赢得市场、获取价值溢出的关键,而食品企业品牌的形成、核心竞争力的培育,离不开产品质量与安全水平的支撑,基于自身品牌与声誉考虑,食品企业往往会对上游食品企业进行质量安全控制。三是为了减少损失。对于食品企业来说,上游原材料质量安全状况将影响到企业原材料的利用率等,特别是对于生鲜原料来说,对腐败、变质等情况的检验可以在一定程度上提高企业原材料的合格率,从而提高经济效益。

从第三方机构层面来看,作为食品安全的评估或检验主体,第三方机构是参与食品安全共治的主要力量,基于其自身功能与定位,参与食品安全的治理也应有着内在的积极性。以食品安全评估认证机构为例,由于其自身的专业性及权威性,通

---

① 另外,近年来,已有不少地方将民意或是满意度作为考核食品安全监管部门的主要指标,如政风评议、电视问政等形式,这在一定程度上给予了消费者部分权力。

过对食品生产经营主体的评估认证,进而以信号发送的方式在一定程度上克服了食品安全的信息不对称,给认证企业带来一定的溢价,同时,认证作为一定约束可以有效促进企业对食品安全的重视与改善。评估机构往往作为营利性机构,参与认证的主体越多,其收益也将越大。因此,评估机构自身存在参与的积极性。

(二)食品安全社会共治存在的问题

当前,尽管我国提出了食品安全社会共治的理念,理论上讲各主体也存在参与治理的诉求,但在现实的治理过程中,由于对社会共治的认知不充分、制度的不完善或是执行得不到位等原因,社会共治的潜在效能并没有发挥出来。

从不同主体来看,由于各主体的分布与权能的不同,各主体在食品安全共治体系中也存在不同的问题。从消费者层面来看,尽管其在治理的广泛性方面存在优势,但由于缺乏义务约束,其在社会共治中的治理效能更多地表现为面上压力与间接作用,其治理潜力并未充分发挥;而对于政府部门来说,虽可对具体食品安全问题源形成实质压力,但由于资源有限,在治理的广度上受到一定的影响;对于食品企业来说,由于食品供应链的关联性,企业对行业的了解比较深入,发现问题的概率较高并可以对供应链上的问题企业发出可置信的威胁,但其主要问题在于企业往往会受到利益的诱导而出现合谋现象。从其他主体来看,在食品安全的社会共治过程中,也存在这样或那样的问题,如媒体的食品安全治理动机往往并不纯正,很多食品安全问题的曝光是基于博眼球的考量,从而造成了相关报道的偏误与非客观的诱导;检验、认证等第三方机构尽管是食品安全治理的主要主体资源,但其地位相对被动,难以主动作为,且在市场运作模式下,利益的驱使或使其存在道德风险倾向;行业协会尽管在一定程度上具有专业性,信息相对充分,但其既是运动员又是裁判员的角色使之往往会存在容忍甚至行业保护的动机,影响了其治理效能的发挥。

尽管当前食品安全社会共治主体资源已明确,但各治理主体资源存在这样或那样的问题,影响了食品安全社会共治的绩效。不仅如此,从整体上来看,食品安全社会共治的运作机制的不完善,已成为制约我国食品安全共治的主要问题。首先是动力机制问题。从理论上来讲,食品安全事关人的生命健康、行业发展与执政满意,因此,相关主体存在共同的期许,也会存在参与治理的意愿。但现实中,由于食品安全治理的参与还会受到相关主体的认知程度、参与风险、参与成本等因素的影响,特别是对于没有法定约束治理责任的主体来说更是如此。以消费者为例,会存在"参与治理对社会食品安全水平的影响很小,多一事不如少一事"等心理,加之对于时间与精力成本等因素的考量,即使存在一定的激励机制,参与社会共治的意愿也不高。在课题组 2011 年对 637 位消费者的调查中,对于问题:"如果您在生活中发现有食品加工企业的不安全行为时,您一般会如何选择?"42.2％的消费者选择了"与我无关";而对于问题:"当您买到不合格的食品时(价值20元左右),您会如何选择?"39.5％的消费者选择了"自认倒霉",24.8％的消费者选择了"去企业退换",24.3％的消费者选择了"退货并索赔",仅有11.4％的消费者选择了"向有关部门投诉"。可以看出,尽管食品安全事关消费者自身利益,而即便自身利益受到了损害,消费者参与食品安全的治理动机也未必能展现。而对于企业来说,在社会共治的理念下,供应链上的企业,特别是核心或是终端企业应成为食品安全治理的主要主体,但目前我国食品企业参与治理的意愿并不强。其次是社会主体资源力量整合问题。理想的食品安全社会共治不仅应充分调动各主体资源的参与治理的意愿,还应进一步完善协调机制,发挥出各主体资源治理的合力,使各主体对食品安全的诉求压力得以有效整合并传导至食品生产经营主体。而现实中,人们对食品安全社会共治的理解大多停留在各主体资源的调动层面,并没有建立起较为完善有效的主体资源协同机制,各主体在参与监管的过程中往往各自为政,缺乏清晰的治理力量整合机制,这大大影响了食品安全社会共治的绩效。

五、以压力传导整合共治资源

从以上分析可以看出,食品安全的社会共治,其机理在于改变过去单极治理模式,充分调动社会可利用的资源,一方面压缩食品生产经营主体隐藏违规行为的空间,一方面干预食品生产经营主体的违规预期。当前,我国食品安全社会共治理念虽已提出,但距离共治绩效的充分发挥还存在一定的距离,甚至在对食品安全共治理念的理解方面还有待进一步深入。食品安全共治,不仅仅是多主体资源的参与,更重要的是整合资源,形成有效的压力机制,从而对食品生产经营主体的预期进行干预。食品安全共治机制的有效发挥,需明确以下几点:首先,尽管改善食品生产经营主体行为决策是共治的主要目的,但共治的对象不仅仅是违规企业,还应包括参与共治的所有主体资源,如要通过共治对政府监管部门进行监督与约束,对媒体行为进行规范,还要监督第三方组织的公信力等;其次,食品安全社会共治的手段不仅仅是发现之后的行政惩罚,还应通过共治调动市场的力量对违规主体进行施压,如通过引导消费者辨识不良商家,重视品牌,要求下游企业拒绝与违规企业交易等,从而通过市场的力量放大对违规企业的惩处;最后,食品安全社会共治的目的不是事后的处置,更重要的是对食品生产经营主体行为预期的干预,食品安全的社会共治应树立预防的理念,一方面通过社会主体资源的参与,最终达到使食品生产经营主体不敢违规、不愿违规的目的,另一方面通过不同主体资源的参与,提高食品安全风险监测与预警的能力。基于对食品安全社会共治的机理、存在的问题以及要求的分析,为使我国食品安全社会共治体系有效发挥,提升我国食品安全社会共治的绩效,可行也是必然的举措应建立并优化主体间的压力机制,通过压力机制,不但可以解决主体参与动力不足的问题,也可以实现对共治资源的整合并使之发挥出食品安全共治的应用绩效。

（一）完善各主体责任,强化各主体压力感知

食品安全的社会共治要明确相应主体的参与形式与作用发挥机制,而这其中关键的便是建立责任机制,通过责任机制的建立,调动各主体资源参与食品安全治理。食品安全的治理,并不仅仅是政府监管部门的责任,社会各类资源都有责任共同参与对食品安全的治理。新《食品安全法》亦关注到了责任机制的重要性,对各主体责任进行了强化（见表8-2）。具体来说,在明确企业责任主体的同时,应进一步增强供应链关联企业的责任,交易过程中,供应链相关企业特别是长期合作企业具有相对较充分的信息,仅仅索证索票的责任还是不够的,应将供应链相关主体纳入社会共治的重要地位,建立交易监督的责任机制。除此之外,对于行业协会、政府监督部门、检验部门等其他主体,也应进一步强化责任机制。对于媒体、公众等社会治理资源,除强化治理过程中的规范性要求外,还可以通过文化和道德约束,使公众逐渐认知到参与食品安全的责任。

表8-2　　　　　　　　　新《食品安全法》中相关主体食品安全治理责任

主体类别	主　体	责　任
食品生产经营主体及行业协会	食品生产经营者	食品生产经营者对其生产经营食品的安全负责
	食品供应链采购商	食品生产者采购食品原料、食品添加剂、食品相关产品,应当查验供货者的许可证和产品合格证明
	食品行业协会	食品行业协会应当加强行业自律,按照章程建立健全行业规范和奖惩机制
政府部门	食品安全委员会	国务院设立食品安全委员会,其职责由国务院规定
	卫生行政部门	国务院卫生行政部门负责组织开展食品安全风险监测和风险评估,并会同国务院食品药品监督管理部门制定并公布食品安全国家标准
	县级以上地方人民政府	县级以上地方人民政府对本行政区域的食品安全监督管理工作负责
	食品监督管理部门	县级以上地方人民政府依照《食品安全法》和国务院的规定,确定本级食品药品监督管理部门、卫生行政部门和其他有关部门的职责
	出入境检验检疫部门	国家出入境检验检疫部门对进出口食品安全实施监督管理

主体类别	主 体	责 任
公众与媒体	消费者协会	消费者协会和其他消费者组织对违反本法规定、损害消费者合法权益的行为,依法进行社会监督
	新闻媒体	新闻媒体应对食品安全违法行为进行舆论监督,有关食品安全的宣传报道应当真实、公正
	公众	任何组织或个人有权举报食品安全违法行为,依法向有关部门了解食品安全信息,对食品安全监督管理工作提出意见和建议
平台商	市场开办者	集中交易市场的开办者、柜台出租者和展销会举办者,应当依法审查入场食品经营者的许可证,明确其食品安全管理责任
	网络交易平台	网络食品交易第三方平台提供者应当对入网食品经营者进行实名登记,明确其食品安全管理责任
食品检验机构	食品检验机构	食品检验实行食品检验机构与检验人负责制

（二）理顺主体责任链,构建压力传导机制

在明晰各主体责任、强化各主体压力感知后,各主体将有积极性参与食品安全的社会共治,降低食品生产经营主体违规隐藏的概率,但食品安全社会共治绩效的发挥,还需进一步对各主体资源的责任进行整合,理顺主体间的责任链,构建压力传导机制,并将压力最终传导至食品生产经营主体,影响其违规收益预期。具体来说,依据主体的分布情况,食品安全的压力传导主要存在三个层次:一是公众与媒体层;二是政府监管层;三是食品生产经营主体层(见图8—1)。公众与媒体层主要受到社会文化的影响,将对食品安全的诉求压力传导至政府监管层,在此过程中,为了发挥社会共治资源的作用,应保证公众的参与权与监督权,建立公众与政府监管部门的责任链,从而使公众诉求可对政府监管部门形成实质性压力;政府监管部门在公众的监督下,将监管压力有效传导至食品供应链,在此过程中,应通过多渠道的监督查验并增加惩处力度,使食品生产经营主体切实感受到压力。另外,在食品供应链内部,也应建立起供应链上的压力传导机制,即在行业协会的监督下,通过强化下游企业的责任机制,使之对上游企业形成压力传导,促进上游企业的行为规范。除此之外,还应创造条件,以信息公示、社会诚信体系等方式,依靠市场的力量使公众对食品安全的诉求压力直接作用于食品经营主体,并理顺公众对食品生产经营主体监督的参与机制。总之,通过建立各主体间的责任回应机制,理顺各主体间的压力传导机制,从而整合社会共治资源,使各主体资源在参与食品安全共治过程中,存在监督与约束,并实现压力的汇集,最终传导至食品生产经营主体。

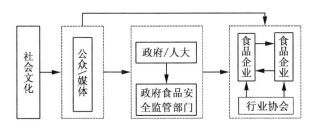

图8－1　食品安全共治体系的压力传导

（三）增强激励与约束，保障压力机制运行

食品安全社会共治协同绩效的发挥，关键在于建立主体间的压力机制，而压力机制的顺畅运作，则需要有较强的激励与约束机制作保障。明晰了各主体之间的责任，理顺了主体间的责任链，还需以强有力的激励与约束机制保障压力机制的顺利运行。首先，通过建立相应责任追究机制，加大惩处力度，将食品安全诉求转化为行动力，使各主体资源积极作为，对关联主体进行监督，从而最终提高发现违规行为的概率，弱化信息不对称；其次，通过直接加大对违规或不作为食品生产经营主体的惩罚力度，建立供应链上的追责机制，干预食品生产经营主体对违规或不作为的收益预期，从而提升食品安全水平；再次，除约束性的惩罚外，保障压力机制的顺利运行，还需要引入激励机制，一方面，在食品安全社会共治资源的构成中，很大部分难以通过法律责任对其进行参与约束，因此，激励便成为调动该类主体资源参与食品安全治理的主要途径，另一方面，单纯的责任约束势必引起规避动机，从概率意义上难以实现对主要行为治理的全覆盖，而通过经济激励手段，如举报奖励制度、公示制度等，则可以较好地引导主体的行为，保障社会共治主体间压力机制的形成。

六、本章小结

食品安全问题的产生，本质在于生产经营主体对利益的诉求，而基本的条件源自信息的不对称，由于食品安全问题的基础性，在我国社会诚信体系尚不完善的条件下，单纯依靠政府监管部门的监督及惩处这一单极治理模式，势必因资源的有限性而难以实现对人们期许的回应，调动社会可利用资源，压缩食品生产经营主体违规隐藏空间，增加对食品生产经营主体违规预期收益的干预，以社会共治方式实现对食品安全的治理便成为既有条件下的可行选择。当前，尽管我国已提出了食品安全社会共治的理念，并进一步明晰了可利用的主体资源，而且通过修订《食品安全法》等方式，确定了各主体资源的相应责任。但总体来看，我国食品安全的社会共治还很不完善,突出表现在各主体资源参与食品安全治理的动力机制有待改善,各主体资源之间缺乏相应的协同效应与相互约束效应。基于此,为激活我国食品安全的社会共治体系,真正发挥各主体资源协同治理的潜力,应进一步明晰责任机制,构建主体之间的压力传导机制。一是构建不同主体之间的压力传导,如公众对政府监管部门的压力传导,政府监管部门对食品生产经营主体的压力传导;二是构建食品生产经营主体供应链上的压力传导。通过进一步明晰各主体责任,整合压力链,不但可以解决各主体资源参与社会共治的动力问题,而且还可以实现相互督促,实现监管绩效的协同,进一步提升各主体对食品生产经营主体违规发现的概率,影响食品生产经营主体对违规收益的预期,从而提高食品安全社会共治的绩效,达到提升食品安全治理水平的最终目标。

第 9 章

市场认同与食品安全治理政策的选择

一、引言

食品安全政策的实施,提升食品安全水平,往往会给生产经营者带来成本压力。基于竞争性市场的假设,经营者的成本增加将会沿着食品供应链传递到最终食品价格之中,使消费者面临更多的支付。在此条件下,市场关于食品安全经济属性的认同,对相关改善措施的认知偏好也就自然成为影响企业改善食品安全水平或是措施选择的重要变量。理性的推断为,只有当市场的支付意愿大于改善食品安全的政策实施成本时,企业才有采纳相应措施的激励。另外,从社会层面来看,当市场对实施相关措施的食品支付意愿大于措施实施成本时,在措施可充分识别的条件下,改善措施的推进与实施在提升食品安全的同时亦可有效增进社会福利。因此,关于市场对生产经营主体实施相关安全改善措施食品认同或支付意愿的测度,也就成为措施评估,进而激励食品生产经营主体提升食品安全水平的基础和起点。随着食品产业的发展及政府治理模式的演进,食品安全保障政策也呈现出多样化,从放任市场自行调节到直接管制,政策的选择存在很大空间,Martinez(2007)根据政府干预程度的不同,将政策分为市场自动调节、行业自我管理、政府与企业共同管理、信息与教育、激励导向的管理以及直接管制六种(见图 9—1)。从中国的现实来看,在一系列的食品安全保障措施中,可追溯体系与 HACCP(危害分析与关键控制点)认证近来受到了较高的关注,是改善企业食品安全状况的重要手段措施,也因此引起了学界的广泛研究与讨论。食品安全问题的产生,很大程度上源于信息不对称,食品供应链上可追溯体系的实施可以在一定程度上减弱信息不对称程度,给企业带来守规的压力,从而降低行为主体道德风险的倾向,被认为是提升食品安全水平的有效措施之一(Resende-Filho and Buhr,2008)。中国近年来也选择了不同地区进行试点,但从试点情况及学者的研究来看,经营主体参与的积极性并不高(赵荣、乔娟,2011),因此,该政策是否能给经营主体带来溢价,也就成为研究的命题之一。HACCP 认证作为一项食品卫生与安全的操作规范体系,其基于风险防范与持续改进思想对食品安全的有效控制效果十分明显(Lupin et al.,2010),不但被食品法典委员会所推荐,而且美国、欧盟等很多发达国家和地区对水产品、肉类加工等食品行业都采取了强制认证的要求。HACCP 体系于 20 世纪 80 年代传入中国,2002 年 5 月,中国正式发布了《食品生产企业危害分析与关键控制点(HACCP)管理体系管理规定》,此后,该认证在中国得到了快速推广(王志刚等,2006)。但相对发达国家的强制认证,中国目前仍采取自愿认证模式。面对严峻的食品安全形势,有学者呼吁中国应采取强制认证措施(吴林海等,2012),但当前最现实的问题是,消费者对该政策的认可度如何?是否愿意为此进行溢价支付?或者是否存在企业自愿认证激励的市场基础?这些问题都需进一步研究。另外,对食品生产经营者培训与加强政府检验力度作为传统的食品安全保障政策,也对食品安全的改善起到了积极作用。相关研究表明,经营主体的认知不到位也是造成中国食品安全问题的原因之一(乔娟,2011),但目前国内对此似乎并未充分重视,消费者对这一政策的反应也缺乏有效的探讨。由第 3 章中对消费者调查结果的分析可知,尽管食品生产经营者是食品安全问题的责任主体,但有相当一部分消费者将其归咎于政府的不作为,在此背景下,监管力度的增加是否能影响消费者对食品安全状况的认知也有待进一步研究。总体来看,食品安全治理政策存在多样性,理论上讲,各种政策的强力推进或协调配合应更能增强保障食品安全的效果,但基于经济学视角考虑,任何政策或措施的实施都存在相应的成本,因此,在目前中国食品安全保障资源相对有限的条件下,从市场视角研究其对食品安全相关政策的认同与偏好,对于合理配置资源,或是制定促进食品生产经营主体采纳相关措施的激励政策,都有着重要的意义。

关于市场对食品安全认知与偏好的研究,主要集中在对消费者食品安全支付意愿的测度方面,而这一主题的研究又可以分为两个方面:首先,直接对食品安全属性进行支付意愿的测度(Latouche et al.,1998;Mergenthaler et al.,2009);其次,对相关政策或措施实施后的食品进行支付意愿测度。后一种测度还间接反映了消费者对政策或措施的认知与偏好。现有文献中关于可追溯体系的实施、HACCP 认证等政策支付意愿的研究也非常丰富,如 Ubilava 和 Foster(2009)利用选择实验方法研究了格鲁吉亚消费者对可追溯猪肉的支付意愿,发现支付溢价平均在 4.755~5.496 格鲁吉亚拉里/千克之间,Jan 等(2005)通过调查发现,对于实施 HACCP 认证生产的石斑鱼、虱目鱼和牡蛎,中国台湾消费者的支付溢价分别为 53%、52% 和 46%,McCluskey 等(2005)对日本消费者关于经过疯牛病检测的牛肉支付溢价进行了实证调查,结果显示,日本消费者对经检测牛肉的平均支付溢价

图 9—1　政府干预的选择

高达 50%。总体来看,绝大多数研究均表明,随着消费者对食品安全关注度的提高,市场对食品安全存在显著的支付意愿,但对实施不同政策食品的支付意愿则存在较大的差异,反映出消费者对不同政策存在不同的偏好(Ubilava and Foster,2009)。在市场食品安全支付意愿的测度方法方面,主要有假想价值评估(contingent valuing method,CVM)、实验拍卖(auction experiment)、选择实验(choice experiment)等方法,其中 CVM 是最常见的研究方法。如 Polyzou 等(2011)利用 CVM 方法调查发现,希腊消费者对水质量提升每两个月平均愿意多支付 4.65 欧元。假想价值评估法操作较为简便,但得到的意愿支付结果往往是实际支付的上限;相比而言,拍卖实验机制由于可以真实反映消费者的购买意愿,近年来被广泛应用到食品安全研究中,如 Brown 等(2005)利用拍卖实验方法,测度了加拿大消费者对降低鸡肉三明治弯曲杆菌风险的支付意愿,结果表明,消费者对风险降低的支付意愿为风险容忍的减函数。拍卖实验由于成本较高,制约了研究样本量,选择实验法则既克服了拍卖实验法的高成本制约,又能较好地测度消费者在不同情景下的支付意愿,是近年来测度市场对不同政策支付意愿较为流行的方法。如 Loureiro 和 Umberger(2007)利用选择实验对美国消费者关于牛肉原产地标识、可追溯等政策的支付意愿进行了测度,Ortega 等(2011)利用该方法考察了中国消费者对不同检测模式猪肉的支付意愿等,但总体来看,目前采用该方法的研究主要集中在环境分析方面,在食品安全研究中的文献还不多。从国内关于食品安全认知、相关政策的市场认同及评估研究文献来看,消费者对食品安全支付意愿的直接测度占了较大比重(王志刚,2003;周应恒等,2004),其中,有关可追溯体系(王锋等,2009;吴林海等,2010;文晓巍,李慧良,2012)、HACCP 认证(王志刚、毛燕娜,2006)等政策支付意愿的研究也已有了一些成果。但综观国内关于这一领域的研究,对相关食品安全政策措施市场认同的测度多采用 CVM 方法进行,对政策措施的分析往往局限于单一政策措施层面。由于不同学者在对食品安全政策研究时选择的样本不一样,调查的环境也存在较大差异,因此,很难将不同条件下对不同政策措施研究的结果进行对比。

　　基于以上分析,本章选择了当前广泛受到关注的可追溯体系、HACCP 认证政策为主要研究对象,并将经营者培训与政府检验两种传统政策纳入考虑,采用选择实验方法,以支付意愿为评判依据,考察了市场对相关食品安全改善措施的认知与偏好,并在此基础上对相关政策措施的选择进行初步的描述性评估。本章的实证研究一方面旨在考察在国内现实环境中是否存在对食品安全改善措施,进而食品安全属性的显著认同,即是否存在信息不对称条件下激励食品生产经营主体采纳相关政策;另一方面,在统一分析框架下进一步考察市场对不同食品安全改善措施的认同差异,进而为不同治理措施的选择提供一定的研究支撑。

二、分析框架与研究方法

　　面对当前较为严峻的食品安全形势,政府和企业都有采取相应控制措施的内在诉求。而在食品安全政策的选择过程中,政府需从社会视角审视政策推进的福利效应,企业则需考察政策的成本收益,这都对政策的评估提出了要求。但无论是从政府视角还是从企业视角来看,政策选择的基点都在很大程度上取决于市场认同,也只有获得市场的认同,政策的实施才更可能获取相应收益,企业也才有改善食品安全的内在激励。对食品安全政策实施收益最基本的测度方法为疾病成本节约法和消费者支付意愿法(Hoffmann and Harder,2010)。疾病成本节约法只是已发生显性成本的节约,因此被认为是政策收益的下限,并且相应数据获取难度较大;而消费者支付意愿法则相对更易于操作,也更直接地反映了市场的政策偏好,本章因此采用了消费者支付意愿法来衡量政策溢出,评判市场对政策的认同与偏好。对于食品安全政策研究对象的选择,基于引言中的介绍,本研究选择了目前讨论较多的可追溯体系及 HACCP 认证政策,并考虑了经营者培训、强化检验两种传统政策。另外,研究选择了猪肉作为实验标的食品,理由有二:首先,猪肉是中国消费量最大的肉类之一,除部分少数民族外,基本已成为中国大部分家庭的生活必需品,消费者对其有最直接的感知和选购经验;其次,近年来,由于"瘦肉精"事件的影响,中国消费者对猪肉安全问题的关注较为普遍。

在消费者食品安全政策支付意愿的具体测度中,本研究采用了选择实验法。选择实验的基本思想最早可追溯到 Luce(1959)和 McFadden(1973)的随机效用理论以及 Lancaster(1966)的产品效用理论。Lancaster 认为,一种产品给消费者带来效用并非源于产品本身,而是源于集合在产品中的各种属性。以本研究所选猪肉为例,其安全性可以附载于生产者是否参加培训、是否实施了可追溯体系、是否已经过较严格的检验以及生产者是否实施了 HACCP 认证等属性之中。消费者对不同政策属性的认知和偏好不同,因此,不同政策组合下的猪肉给消费者带来的效用水平也就存在一定的差异。消费者所面临的问题为,在一定的预算约束下,选择不同属性组合的产品,以最大化自身效用。

根据随机效用理论,第 i 个消费者选择第 j 种组合的效用可以分为确定性效用 V 和随机效用 ε 两部分,其间接效用可以表示为:$U_{ij}=(X_j,P_j,\varepsilon_{ij})$。其中,$X_j$ 是第 j 个组合的属性集合,P_j 为第 j 个组合下的支付要求,ε_{ij} 为随机项部分。确定性效用可以用 V_j 来表示,即:

$$U_{ij}=V_j+\varepsilon_{ij}=V(X_j,P_j)+\varepsilon_{ij} \tag{9-1}$$

当第 i 个消费者面对 t 种属性组合集合而选择第 j 个属性组合却没有选择第 k 个属性组合时,意味着第 j 个属性水平组合带给消费者 i 的效用要大于第 k 个属性水平组合给其带来的效用,即:

$$U_{ij}>U_{ik}\Rightarrow V_j+\varepsilon_{ij}>V_k+\varepsilon_{ik} \quad \forall k\neq j;j,k\in t \tag{9-2}$$

如果用概率表示的话,消费者选择第 j 个属性组合的概率可以表示为:

$$\begin{aligned}P(y_i=j\,|\,t)&=P(U_{ij}>U_{ik})\\&=P(V_j+\varepsilon_{ij}>V_k+\varepsilon_{ik})\\&=P(\varepsilon_{ik}-\varepsilon_{ij}<V_j-V_k)\quad \forall k\neq j;j,k\in t\end{aligned} \tag{9-3}$$

假设随机扰动项相互独立,且均服从 Gumbel 分布,则消费者选择概率可以转化为 logit 模型,即:

$$P(y_i=j\,|\,t)=\frac{\exp(V_j)}{\sum_{h\in t}\exp(V_h)} \tag{9-4}$$

本研究中,我们将分别基于固定效应假设和随机效应假设采用条件 logit 模型(CL)与混合 logit 模型(ML)对消费者的选择进行估计。在 CL 模型中,消费者的决策过程被视为同质的,消费者的效用可以表示为 $U_{ij}=X'_j\beta_x+P'_j\beta_p+\varepsilon_{ij}$。其中,$\beta_x$ 为属性水平参数,而 β_p 为价格水平对消费者效用影响的参数。在模型中,消费者的选择概率为:

$$P(y_i=j\,|\,t)=\frac{\exp(\alpha_j+X'_j\beta_x+P'_j\beta_p+\varepsilon_{ij})}{\sum_{h\in t}\exp(\alpha_h+X'_h\beta_x+P'_h\beta_p+\varepsilon_{ij})} \tag{9-5}$$

在 ML 模型中,消费者同质性的假设被放松,个体差异被认为会影响不同属性组合的选择,其确定性效用部分可以表示为 $V_{ij}=X'_j\theta$,其中 $\theta=(\beta,\overline{\gamma},\eta_i)$,$\beta$ 为属性系数,$\overline{\gamma}$ 为总体平均随机参数,η_i 为个体选择偏差。假设个体选择偏差服从密度为 $f(\theta)$ 的分布,则消费者选择概率分布可以表示为(Ubilava and Foster,2009):

$$P(y_i=j\,|\,t)=\int \exp(V_j)(\sum_{h\in t}\exp(V_j))^{-1}f(\theta)d\theta \qquad (9-6)$$

三、数据来源与样本描述

(一)调查设计

为了测度市场对目标考察食品安全政策的认同,按照选择实验的设计要求,根据现实情况及专家意见,我们对每种政策选择了两种属性水平。对于经营者培训政策,分为不培训和每四个月培训一次两种水平;对于可追溯性,分为可追溯和不可追溯两种水平;对于检验强度,分为当前检验水平和检验强度增加一倍两种水平;对 HACCP 认证,分为实施认证与不实施认证两种水平;而对于价格,结合调查时的市场猪肉价格,给定了 26 元/千克和 34 元/千克两种水平,具体政策水平的选择及赋值见表9-1。

表 9-1   政策属性水平的选择

属　　性	水　　平	描述及赋值
价格(Price)	26 元和 34 元	每千克猪肉的价格水平
经营者培训(Train)	培训和不培训	培训代表着政府相关部门每四个月对经营者进行一次食品安全培训;培训为 1,不培训为 0
可追溯性(Traceable)	可追溯和不可追溯	可追溯意味着猪肉采用了可追溯体系,消费者可以快速溯源;可追溯为 1,不可追溯为 0
检验强度(Inspect)	当前水平和增加一倍	增加一倍,即在当前检验强度的条件下增加一倍的检验频次;当前水平为 0,增加一倍为 1
危害分析和关键控制点体系(HACCP)	实施和不实施	实施,即猪肉生产企业进行了 HACCP 认证并按其标准进行生产;实施为 1,不实施为 0

实验情景共包含四类食品安全政策和一个价格属性,每类属性共有两种水平,理论上共有 $(2^5)^2$ 即 1 024 种情景选择组合,由于人力、物力及时间的限制,不可能对每种组合进行实验调查。根据 Hensher 等(2005)关于选择实验最小组合数量的原则,若要有效估计所选政策及政策交互的效应,最少需要 12 种组合[①],借鉴 Ortega 等(2011)的选择方式,利用部分析因设计,在获得最有效率 12 种组合的基

[①] $Df=(L-1)A+X+1$。其中,Df 为最小组合数量,L 为政策水平数量,A 为政策种类,X 为交互组合数量。

础上,生成了 16 种选择情景,每种情景包含两种组合方案 A 和 B,并且由于在每一情景中,消费者皆有两种组合都不接受的权利,因此每一情景中还包含了一个"A、B 方案都不选择"的退出选项 C(Louviere and Hensher,2003),具体选择情景样例参见表 9—2。

表 9—2　　　　　　　　　　　　　选择景情样例

方案 A	方案 B	方案 C
价格为 26 元/千克 经营者进行四个月一次安全培训 可追溯 政府市场检验的次数为当前水平 不实施 HACCP	价格为 34 元/千克 经营者从不进行安全培训 可追溯 政府市场检验的次数增加一倍 实施 HACCP 标准化安全控制	A、B 方案 都不选择

(二)样本特征

调查主要面向江苏地区,调查时间为 2012 年 10 月。在问卷设计完成后,先在无锡地区进行了小样本试调,结合反馈意见对调查进行了一定的优化。由于本次调查相对假想价值评估调查在理解上有一定的难度,为了保证调查实验的质量,调查前对调查员进行了系统的培训。另外,为了提高数据的准确性,不对调查员调查份数做硬性规定,并且制定了调查的相应激励与考核机制。去除无效问卷和关键数据缺失问卷,最终共获取有效实验问卷 486 份,其中苏南地区 213 份,苏中地区 77 份,苏北地区 196 份。

从实验调查样本特征来看(见表 9—3),男性受试者有 241 位,女性受试者有 245 位,男性与女性基本各占一半;从年龄结构来看,受试者平均年龄为 37.24 岁,相对主要猪肉购买群体来说,年龄有些偏小,但与 Ortega(2011)的实验样本特征非常接近[①];从户口类型来看,样本中城市人口占了 44.86%,农村户口稍多;在受教育程度方面,受试者中具有高中及初中文化程度的占比最大,分别为 36.63% 和 30.66%;而从样本家庭收入状况来看,选择 3 000~5 000 元/月的受试者最多,为 37.40%。另外,调查中我们还考查了受试者对中国食品安全状况的感知,在 0 分到 5 分的分值中,消费者的平均给分为 2.89 分,可见,受试者对中国当前的食品安全状况并不乐观;而对于问题"如果能够保证日常生活中的食品安全,您愿意在每月的食品支出中多出多少",受试者的平均支付溢价为 18.83%,从 CVM 调查结果可以看出,样本消费者对食品安全存在较为显著的支付意愿。

---

① 其样本的平均年龄为 37.6 岁。

表9—3 样本特征

变量	名称	解释	均值或占比
gender	性别	男为1,女为0	0.50
age	年龄	—	37.24
hukou	户口	城市为1,农村为0	0.45
educa	教育程度		
	小学及以下		9.47%
	初中		30.66%
	高中		36.63%
	大专以上		23.25%
income	家庭月收入(元/月)		
	<3 000		27.69%
	3 000~5 000		37.40%
	5 000~7 000		21.07%
	7 000~10 000		9.92%
	≥10 000		3.93%
pay	安全食品支付溢价	—	18.83%
safety	食品安全认知	很差 0-1-2-3-4-5 很好	2.89

四、实证分析

(一)回归结果

根据上文分析,在固定效应及随机效应假设下,第 i 个消费者选择第 j 个食品安全政策与价格水平组合时的效用可以分别表示为:

$$U_{ij} = \beta_1 \text{Price}_{ij} + \beta_2 \text{Train}_{ij} + \beta_3 \text{Traceable}_{ij} + \beta_4 \text{Inspect}_{ij} + \beta_5 \text{HACCP}_{ij} + \varepsilon_{ij}$$

$$(9-7)$$

$$U_{ij} = \beta_1 \text{Price}_{ij} + (\bar{\gamma} + \eta_i)'X + \varepsilon_{ij} \qquad (9-8)$$

其中,式(9—7)为 CL 模型下的消费者效用函数,式(9—8)为 ML 模型下的消费者效用函数,Price、Train、Traceable、Inspect、HACCP 分别代表价格、经营者培训、可追溯性、检验强度及 HACCP 认证的属性水平,其赋值情况参见表9—1;式(9—8)中变量的含义同上文定义。利用 STATA 分别基于 CL 及 ML 模型对实验数据进行回归,具体结果见表9—4中 CL_0 和 ML_0 栏。另外,为考察不同食品安全政策间的交互效应,我们还分别对两种模型加入政策交叉项后再次进行了估计,结果见表9—4中 CL_1 栏与 ML_1 栏。

表 9—4　　　　　　　　　　　对政策认同的回归结果

变量	CL_0	CL_1	ML_0	ML_1
Price	−0.180*** (0.013)	−0.182*** (0.014)	−0.173*** (0.013)	−0.179*** (0.013)
Train	0.374*** (0.070)	0.068(0.153)	0.279*** (0.070)	0.104(0.134)
Traceable	0.516*** (0.057)	0.531*** (0.115)	0.474*** (0.057)	0.555*** (0.109)
Inspect	0.079(0.058)	−0.599*** (0.163)	0.035(0.055)	−0.498*** (0.144)
HACCP	0.627*** (0.057)	0.378*** (0.139)	0.574*** (0.056)	0.416*** (0.123)
Train_Trace		−0.106(0.127)		−0.146(0.118)
Train_Insp		0.447*** (0.144)		0.378*** (0.129)
Train_HACCP		0.184(0.123)		0.152(0.115)
Trace_Insp		0.232*** (0.113)		0.201* (0.109)
Trace_HACCP		−0.182(0.111)*		−0.184* (0.106)
Insp_HACCP		0.451(0.124)***		0.382*** (0.118)
_cons	—	—	1.470*** (0.188)	1.766(0.223)
Log likelihood	−5 007.091	−4 991.6469	−5 045.5125	−5 030.8654

注：***、**、* 分别代表在 1%、5% 及 10% 的水平上显著。

从表 9—4 中可以看出,CL 与 ML 估计结果相差不大,说明不同消费者对相关食品安全政策支付意愿具有一定的稳健性。不同模型回归下价格系数均为负且显著,说明价格越高,消费者的选择意愿越低,符合预期。可追溯体系与 HACCP 认证系数不但与预期相一致,而且均在 1% 的水平上显著,说明消费者对这两项食品安全政策有较大的认同,保持其他条件不变,两项政策中任一政策的实施,都可以提高消费者效用,增加消费者选择的概率。另外,经营者培训在没有交互项时显著,但政府检验强度系数却并不显著,可能的解释或因消费者对仅增加一倍的检验强度并不敏感,或因消费者对政府检验强度增加是否能真正提高食品安全水平持怀疑态度,或因消费者认为政府检验强度的增加是理所当然的,因此不愿为此政策进行溢价支付。而从政策的交互作用来看,在两种估计模型中,加强检验与可追溯体系之间,加强检验与实施培训之间,以及加强检验与 HACCP 认证之间,均存在显著的正效应,即一种政策的实施可以增加消费者对另一种政策的认同与选择概率,由此可以看出,虽然消费者对单独实施增加检验强度政策没有显著的支付意愿,但加强检验却对其他政策有正效应,引申的含义或可理解为消费者对食品安全政策的效果,更希望由政府检验来进一步保证。在政策的交互作用中,还有一点值得注意,就是可追溯体系与 HACCP 认证之间存在替代效应,这一点可以理解为,两项政策的单独实施均会给消费者带来显著效用,但政策叠加的边际效用递减。

为了进一步检验回归结果的稳健性并考查消费者特征对政策选择的影响,在此借鉴 Ortega(2011)的研究选择,以收入变量对受试者的类别进行划分,将其分为小于 3 000 元/月、3 000～5 000 元/月、5 000～7 000 元/月以及 7 000 元/月以上四个类别[①],分别以 1、2、3、4 来表示,基于 CL 模型的回归结果见表 9—5。可以看出,除第一类受试者群体对培训政策的选择不显著外,其余变量系数的显著性及方向均与总体回归相一致。

表 9—5 基于收入等级的 CL 回归结果

变量	1	2	3	4
Price	−0.249***(0.026)	−0.169***(0.021)	−0.140***(0.028)	−0.154***(0.034)
Train	0.184(0.135)	0.413***(0.113)	0.651***(0.162)	0.396**(0.205)
Traceable	0.621***(0.114)	0.424***(0.092)	0.568***(0.126)	0.501***(0.160)
Inspect	0.013(0.113)	0.029(0.094)	0.310(0.128)	0.076(0.157)
HACCP	0.683***(0.111)	0.636***(0.092)	0.589***(0.126)	0.681***(0.156)
Log likelihood	−1 331.4076	−1 881.0118	−1 021.4427	−692.17182

注:***、**、*分别代表在 1%、5%及 10%的水平上显著。

(二)溢价计算

为了更直观地考察消费者对可追溯体系及 HACCP 认证等食品安全政策的选择意愿,在此对政策变量系数进行支付意愿的相应转化。根据回归系数的含义,消费者支付溢价的计算公式为:

$$WTP=\frac{\beta_K}{\beta_P} \tag{9—9}$$

式中,β_K 为政策变量回归系数,β_P 为价格变量回归系数。根据该公式,分别对CL_0和 ML_0 两种模型下的回归结果进行转换,获得消费者对不同政策的支付溢价,具体结果参见表 9—6。可以看出,尽管受试者对可追溯体系与 HACCP 认证均有显著的选择偏好,但支付却存在一定的差异。具体来说,对经过 HACCP 认证体系下生产的猪肉具有最高的支付溢价,在 CL 模型下的溢价为 6.96 元/千克,在 ML 模型下的溢价为 6.64 元/千克;其次为实施可追溯体系的猪肉,受试者的支付溢价分别为 5.74 元/千克和 5.48 元/千克;而对于经营者培训,两种模型回归下的支付溢价分别为 4.16 元/千克和 3.22 元/千克。基于通常的判断,HACCP 体系与可追溯

① 由于选择 10 000 元/月的受试者仅占样本量的 3.9%,因此将归于第四类别中。

体系相对于四个月一次的经营者培训,对猪肉安全水平的提升应起到更积极的作用,因此受试者的支付意愿水平差异符合预期。另外,由此结果可以看出,相对于可追溯体系,消费者对 HACCP 认证有更强的偏好。

表 9－6　　　　　　　　　　受试者对不同政策的支付意愿　　　　　　　　单位:元/千克

政策变量	CL_0	ML_0	平均值
Train	4.16	3.22	3.68
Traceable	5.74	5.48	5.60
Inspect	0.88	0.40	0.64
HACCP	6.96	6.64	6.80

　　根据对不同收入水平受试者选择数据的回归结果,转化的支付意愿如表 9－7 所示。可以看出,尽管不同收入受试者对政策的偏好具有一致性,但支付意愿水平却存在一定的差异。对于四类受试者都具有支付显著性的可追溯体系与 HACCP 认证,随着受试者收入水平的增加,支付意愿也存在增加的趋势。另外,对比来看,1 至 4 四个收入等级的受试者,在 CVM 方法测度下的食品安全平均支付溢出分别为 16.99%、17.98%、19.07% 和 22.73%,也呈现递增趋势,同选择实验的测度结果存在一致性,对比结果参见图 9－2。从图 9－2 中还可以清楚地看出,不同收入水平的受试者,对 HACCP 认证的偏好都要强于可追溯体系。

表 9－7　　　　　　　　　不同收入消费者对政策的支付溢价

政策变量	1	2	3	4
Train	1.48	4.89	9.28	5.15
Traceable	4.98	5.02	8.10	6.52
Inspect	0.11	0.34	4.42	0.99
HACCP	5.48	7.53	8.40	8.86

五、对政策选择的进一步思考

　　从对选择实验结果的分析可以看出,市场对经营者培训、可追溯体系及 HAC-CP 认证三项食品安全政策均存在非常显著的认同,消费者愿意为实施相关安全政策的食品溢价支付,并且相对于可追溯体系,消费者对 HACCP 认证更为偏好。支付溢价的大小在某种程度上反映了该政策的潜在收益,但不同政策对企业选择的市场激励,还受到政策实施成本与难度的影响。限于数据的缺失,在此采用描述性

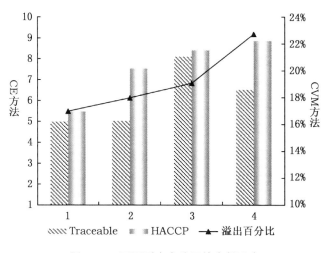

图 9—2　不同测度方法下的支付溢出

方法,对政策的选择进行简要评价。

尽管市场对可追溯体系存在显著认同,但相对来说,可追溯体系的实施需要较高的成本。可追溯体系的建立不仅要求企业内部控制体系的变革,而且需要整个供应链上的协调一致,需要信息化技术的支持,因此,前期投入比较大。以江苏省苏食集团肉品质量安全追溯系统实施为例,仅信息追溯系统开发应用项目投资就达到 850 万元,另外,还需在销售终端安装可追溯查询系统,在生猪养殖期间使用耳标,在屠宰和零售时使用相应条形码等信息附载耗材,加上因可追溯体系实施带来的管理成本,分摊到产品中,平均每公斤猪肉成本大约增加近 0.5 元。[1] 虽然 0.5元的成本要小于本研究测度的市场对实施可追溯体系的支付溢价,但可追溯体系的实施存在规模效应,巨大的前期投入造成了进入门槛,使小企业难以承受,并且本研究对支付溢价的测度是在充分告知消费者政策含义的条件下进行的,如果消费者对该体系不了解,或是不信任(如怀疑企业追溯信息造假),则支付溢价也会受到影响。因此,在国内目前食品产业规模集中度有限的情况下,加之可追溯体系的实施需要供应链成员的一体化推进,仅靠市场对该政策溢价的激励力量,个体企业实施的积极性不高亦可理解,若要推进,建议采取政府进行前期投入补贴,以降低企业实施成本,保证供应链参与成员的溢价收益,在此基础上获取可追溯体系实施带来的社会福利效应。

关于 HACCP 认证的成本与收益,国外有着广泛的讨论,但国内的研究并不

---

[1]　参见:《食品质量安全追溯体系调研报告——苏食集团肉品质量安全追溯系统的运行情况》,商务部网站,http://www.mofcom.gov.cn/article/resume/n/200912/20091206693216.shtml。

多,王志刚等(2006)根据国家认监委 2005 年对 482 家食品加工企业采纳 HACCP 认证的调查数据,总结了被调查企业实施 HACCP 认证后第一年的财务统计数据,认证企业平均花费达到 487.33 万元。可以看出,虽然 HACCP 的认证费用并不高(目前平均大约为 3 万元),但设备投资及运营费用却非常高(其中专用销售渠道建设和销售人员费用平均为 395.30 万元,占总支出的 81.12%),假设肉类加工企业在 HACCP 认证上的投资处于食品行业平均水平,几百万的投入对于中小生产加工企业或屠宰厂来说是难以承受的,但对于有一定规模的屠宰加工厂来说,6.80元/千克的 HACCP 认证支付溢价还是有足够市场吸引力的,以一头猪出肉 75 千克计算,只要年加工能力大于 1 万头,理论上都有认证激励。因此,对于 HACCP 认证政策来说,建议政府对消费者进行认知教育,充分规范与监管认证市场,使认证可以被消费者充分认知与识别,进而以市场溢价激励企业自主采纳 HACCP。

尽管经营者培训与增加政府检验力度这两项传统食品安全政策更多地需要从政府视角来推进,但如果两项政策能获得市场认同,则生产经营主体亦会有参与及配合的激励。从测度结果来看,虽然消费者对两项传统政策的偏好要弱于可追溯体系及 HACCP 认证政策,但由于两项政策的实施成本较低,因此政府也应着重考虑。研究结果表明,消费者对经营者参加培训具有显著的支付意愿,说明消费者认为经营者培训可以有效提升食品安全水平。当前,我国食品行业几乎没有进入门槛,特别是处于流通与餐饮环节的中小经营者,几乎可以自由进出该行业,而这却是我国食品安全问题风险的重要来源。[①] 中国食品安全问题,虽然很大程度上源于经营者追求利润下的背德行为,但认知因素造成的食品问题亦不可忽视,特别是对中小经营者来说,对食品安全标准与规范的认知不充分,不但导致了其盲目性违规,甚至也是主动违规、敢于违规的主要原因。基于此,对经营者实施培训进而对食品行业从业者进行资格限制,不但是提升食品安全水平的现实需要,而且从消费者层面来看也愿意为此支付相应溢价,具有经济的可行性。因此,建议政府将此政策作为一项强制性政策,定期组织从业者参加食品安全培训,并对食品从业人员进行相应资格限制。对于增加政府检验力度,基于前文已解释原因,尽管本研究中受试者对该政策没有显著的支付意愿,但并不意味着在该政策上的投入是不值得的,对政府来说,仍需强化该政策的实施。原因在于:首先,检验力度与其他食品安全政策存在显著的正效应,会间接带来政策价值溢出;其次,在行政费用允许的条件下,加大检验力度是政府监管部门的职责。值得说明的是,在检验过程中,应克服应付性检验的行为,真正提高检验对食品生产经营主体的威慑力,这样才能使该政

---

① 参见本书第 2 章中政府监测与检测数据部分的分析。

策获得消费者的认可,并有效提升食品安全水平

六、本章小结

市场对食品安全改善措施的认同是以市场力量促使食品企业采纳相应改善措施进而提升食品安全水平的基本条件。本研究通过引入选择实验以消费者支付意愿为评判依据,对市场政策偏好进行了考察,结果表明,消费者对经营者培训、可追溯体系与 HACCP 认证均具有显著的支付意愿,其中,对 HACCP 认证的支付溢价最高。政策的推进,不但是食品安全形势不容乐观条件下的被动选择,而且从市场激励视角来看,消费者愿意为这些政策支付一定的溢价。也就是说,即使政策在某种程度上推高了食品的价格,只要价格的增幅在消费者支付意愿之内,消费者福利依然可以得以改善,并且如果完善了政策实施的外部环境,企业亦有实施相应政策、提升食品安全的内在激励。结合政策实施的难度与成本因素,对于可追溯体系的推进,政府应更多地直接介入,而对于 HACCP 认证,政府可从消费者信息普及、认证过程的规范以及认证信息的可识别角度着手,提高食品企业认证的激励。

第 10 章

转基因食品信息供给政策
对消费者福利的影响分析

一、引言

　　频发的食品安全事件使食品安全问题成为全球关注的焦点（Hammoudi et al.，2009），安全问题的产生，在很大程度上源于交易双方的信息不对称（Starbird，2005）。作为重大科技产物的转基因食品，虽然目前并没有明确的证据表明其安全性存在问题，但也不能否定其长期中风险的存在（Selgrade，2009）。对转基因的监管，不同的家国和地区有着不同的政策。我国作为有限度允许转基因食品生产与流通的国家，在已允许生产和销售的转基因食品监管过程中，也会面临着不同的政策选择，如在转基因信息供给方面，是否应加强转基因食品相关信息的供给，是采取自愿标识还是强制标识等。根据信息经济学的基本原理，建立良好的信号传递机制，有助于将经验品和信任品转变为搜寻品（王秀清、孙云峰，2002），从而改善食品市场效率，提高消费者福利。但面对我国的现实环境，信息供给政策是否真正能够使消费者福利得以改善，哪类消费者在信息供给政策中受益最大，仍是值得研究的问题。

　　随着转基因技术的发展，国外关于消费者对转基因食品认知、偏好以及标签等信息政策影响的研究已有很多成果，早期的研究多通过问卷调查形式对消费者的偏好进行测度（Sparks et al.，1994），近年来的研究中，实验经济学被广泛引入转基因信息、标识政策对消费者偏好与福利影响的研究中（Huffman et al.，2002；Noussair et al.，2004），如 Heslop（2006）通过对加拿大 240 位受试者的实验测试，分析了加拿大消费者对转基因标识的反应以及消费者个体特征与反应之间的关系。实验结果表明，总体上，消费者对标识的反应不大，但具体到不同类型的消费者，标识却有着重要的影响。国内学者关于转基因食品的经济学研究近年才开始出现（侯守礼、顾海英，2005；黄季焜等，2006），如钟甫宁等（2006）利用超市实际销售数据分析了转基因食用油强制标签政策的实施对消费者购买行为的影响，结果表明，标签政策实施后转基因食用油的市场份额下降,下降幅度虽然不大但统计学上显著。而目前国内应用实验经济学对消费者转基因偏好与福利的研究则非常少,马琳、顾海英(2011)应用实验经济学方法研究了信息政策对消费者偏好方向的影响,本章则在此基础上进一步考察信息政策影响的强度,从消费者偏好与福利变化角度对转基因信息供给与标签的政策效应进行分析,并考察消费者的不同特征对信息供给政策反应的差异。

二、理论基础与假定

(一)信息供给与消费者福利

相对消费者来说,食品生产者具有更充分的信息,在此条件下,基于利润最大化考虑,必然有部分卖者将一类食品伪装成另一类食品而进入另一个市场,在消费者无法辨别的情况下,逆向选择最终将导致市场上食品质量的下降,并在较低的水平上形成两类市场的混同均衡,此时,福利经济学第一定理将难以实现,消费者的效用遭到损失。信息经济学表明,面对食品市场的信息不对称,通过有效的信号发送或信息甄别机制,可实现两类市场的分离均衡,在一定程度上弱化信息不对称带来的效率损失,改善消费者福利。对于转基因食品来讲,信息不对称的出现一方面表现在消费者对转基因食品知识的缺乏,另一方面表现在食品市场上的逆向选择和道德风险,如部分转基因食品通过"隐藏信息"冒充非转基因食品,或通过经营者的"隐藏行动"进行不当行为,逃避监管。对于消费者知识的匮乏,可以通过宣传政策供给更多转基因食品相关信息加以克服,对于逆向选择可以通过规制政策加注转基因食品标识予以应对。从理论上讲,这些信息供给政策都将对消费者的选择造成影响,从而在一定程度上改善消费者在转基因食品方面的福利。基于这一理论推理,本章利用实验数据,对信息宣传及加注标识两项信息供给政策的福利效果进行验证。

(二)消费者决策变动与福利改善

基于新古典经济学假设,人是理性的,决策的目标始终为在既定资源约束条件下的效用最大化。本研究中,假设消费者福利函数受到所购物品及支付价格的影响,并且与支付价格呈线性关系,即对消费者来说,价格变动的边际效用不变。因此,消费者的福利函数可以简单地表示为:$U_C = U(Q, P) = U(Q) - P$。其中 Q 代表一定类型的食品数量,P 代表支付价格。对于不同商品,由于消费者保留效用不同,其所愿意支付的价格也不同。根据显示性偏好的弱公理,如果对于每一个不同的消费束 X^0 与 X^1,消费者在 P^0 时选择 X^0,在 P^1 时选择 X^1,则 $P^0 \cdot X^1 \leqslant P^0 \cdot X^0 \Rightarrow P^1 \cdot X^0 > P^1 \cdot X^1$。此时,$X^0$ 是 X^1 的显示性偏好,即 X^0 是 X^1 可被选择但未被选择时消费者实际选择的消费束(杰弗瑞,2002)。这表明,消费者在约束没有收紧的条件下,其选择的变化代表了其效用的改善。本研究中,受试者被分成四个组,在不同约束条件下对转基因苹果和非转基因苹果进行竞拍。由于面对的信息条件不同,消费者对转基因食品与非转基因食品的认知也不一样,这在一定程度上反映在了对两类食品竞拍的价格差之中。在拍卖标的数量 Q 固定的情况下,基于效用与价格的线性假设,根据显示性偏好原理,不同条件下受试者对两类食品竞价差异幅度的变动在一定程度上刻画了其决策的变化程度,也即在一定程度上代表了政策变量对消费者福利的影响幅度。不同政策下价格差变动的幅度越大,说明福利改善越明显,价格差变动幅度越小,代表福利改善越不明显,在极端情况下,当价格差变动为 0 时,说明政策的实施并没有使消费者福利得到改善。

(三)对受试者决策分布的假定

对消费者决策分布的假定是本实验进行的基础。对于消费者群体,假定在控制个体变量的条件下,相同政策环境下消费者对转基因食品与非转基因食品的竞拍价格差具有总体的一致性。基于这一假设,实验是在不同信息环境条件下分组进行的,即每一组只进行一个信息环境条件下的实验,而不是对相同受试者在不同条件下连续进行拍卖实验。而对于不同类型的消费者个体,假设其决策将随着其个体类型的变化而变化。基于此,我们考察了个体特征对政策实施的敏感度。

三、实验说明与数据描述[①]

(一)实验说明

传统上对消费者食品偏好及支付的研究大多采用假想价值评估法(张蕾,2007),但由于环境的虚拟性,得到的支付意愿结果可能并不可靠(钟甫宁等,2006)。而实验研究法,则是对标的物进行真实拍卖,价高者将被要求以现金买走标的物,通过这一实验机制可以较好地了解到受试者对标的物的真实偏好与支付。本研究中拍卖的标的物为苹果,转基因苹果选择了产自新西兰的“4122”苹果,非转基因苹果选择了国产的陕西红富士苹果,并且两者在外形、颜色、口味等方面无法区分。课题组在上海、平顶山与石河子三市分别招募了 72 位,共计 216 位受试者参与实验。实验共设计了四种不同的政策环境:(1)自愿标识、有转基因食品信息;(2)强制标识、无转基因食品信息;(3)自愿标识、有转基因食品信息;(4)强制标识、有转基因食品信息。每一城市中有 18 位受试者面临同一信息政策环境,总体上每种信息政策环境有 54 名受试者参与。拍卖过程中 6 人一个小组,采用四价拍卖方

---

① 本试验主要由郑州大学马琳博士主持完成,更加详细的实验说明参见马琳、顾海英(2011)。

式进行,即出价前三高的人以第四高价获得拍卖苹果。为了能测试出消费者的真实价格,拍卖共进行三次,每一次拍卖结束后公示前四名价格。研究数据采用最后一轮出价价格。整个实验过程按照实验经济学拍卖程序进行。

(二)基本数据

从受试者个体特征来看,受试者主要是在自愿的基础上由课题组招募构成,受试者的年龄平均在 36 岁,以中青年为主,女性占到了 56.54%,并且企业员工居多,大部分居住在市区,具体见表 10—1。

表 10—1　　　　　　　　　　　　样本个人特征

变　量	类　别	比　例
年龄(岁)	均值	35.64
性别	男性 女性	43.46% 56.54%
教育程度	本科及以上 其他	39.33% 11.37%
职业	企业 政府事业单位 其他	70.28% 13.68% 17.04%
购买地点	超市 其他	62.59% 37.41%
居住区域	市区 郊区	83.33% 26.67%

通过拍卖实验,总体竞价数据见表 10—2。对于非转基因苹果来说,当强制标识、无转基因食品信息宣传时,其平均价格最高,为 4.33 元;当自愿标识、有转基因食品信息宣传时,平均价格最低,为 3.04 元。而对转基因苹果,在自愿标识、无转基因食品信息宣传时,价格最高,平均为 3.90;而当自愿标识、有转基因食品信息宣传时,价格最低,为 2.49 元。

表 10—2　　　　　　　　　　　总体样本竞价状况

变量	最小值	1/4分位数	中位数	平均值	3/4分位数	最大值	标准差	方差
(1)非转基因食品	1.00	2.00	3.00	3.13	4.00	6.00	1.22	1.61
(1)转基因食品	0.00	2.00	3.00	3.90	4.00	10.00	1.45	1.25
(2)非转基因食品	2.00	3.00	4.00	4.33	5.00	8.00	1.28	1.47
(2)转基因食品	0.00	2.50	3.00	4.27	4.50	10.00	1.88	3.85
(3)非转基因食品	1.00	2.73	4.00	3.04	4.95	8.00	1.38	1.40

变量	最小值	1/4分位数	中位数	平均值	3/4分位数	最大值	标准差	方差
(3)转基因食品	1.00	3.00	3.80	2.49	5.00	10.00	1.59	1.99
(4)非转基因食品	1.20	2.50	3.00	3.97	4.50	8.00	1.34	1.78
(4)转基因食品	0.00	2.00	2.50	3.10	3.50	10.00	1.53	2.56

注:(1)自愿标识、无转基因食品信息宣传;(2)强制标识、无转基因食品信息宣传;(3)自愿标识、有转基因食品信息宣传;(4)强制标识、有转基因食品信息宣传。

四、政策效果的度量

(一)描述性分析

根据前文理论说明,消费者在约束不收紧的状态下选择的变化,代表了消费者福利的改善,选择变化的幅度在一定程度上刻画了福利改善的幅度。通过实验得出(见图10-1),在自愿标签、无转基因信息宣传环境拍卖的条件下,由于消费者对转基因认知的不充分,加之自愿标签条件下的标签政策产品存在一定的混同倾向,在此条件下,消费者的出价差为-0.77元。[1] 以此为基准,当在此基础上实行强制转基因标识后,即受试者能更加明确地辨别转基因与非转基因苹果,信息更加明确,受试者的偏好发生了较大改变,由偏向转基因苹果转而更偏好于非转基因苹果,证明了明确标识政策使消费者福利得到了改善。信息宣传的作用也非常明显,相对于基准环境,自愿标识、有转基因食品信息宣传政策条件下,价格差的变化达到1.32元,大于强制标识下的0.77元。由此可见,信息宣传的作用相对强制标识来讲,对受试者的影响更大,更能促进消费者福利的提升。在有转基因信息宣传的条件下,强制标识相对自愿标识,非转基因苹果与转基因苹果的价格差也有0.37元的变化。最后,在强制标识、有转基因食品信息宣传的政策环境下,一方面单位转基因苹果与非转基因苹果的价格差最大,达到了0.87元,在总体偏好一致的情况下,分离均衡最为明显;另一方面,相对基准条件,价格差的变化则高达1.64元,变动幅度最大,政策效果最显著。从以上分析可以初步得出,随着信息供给量及明确度的增加,消费者的福利得到了逐步改善,即信息宣传与强制标签政策都取得了一定的政策效应。另外,信息宣传的效果相对于强制标识政策的作用更加明显,这或许是因为目前我国消费者对转基因食品的认知有限,在此状态下,边际效用递减原则使其对福利改善的作用相对明显。另外,在信息宣传与强制标签政策共同实

---

[1]　在对转基因认知不充分条件下,自愿标识政策会让不了解信息的消费者认为自愿标识的东西是好的,因此给出比非转基因更高的价格在某种程度上也存在一定的合理性。

施时,效果最明显。

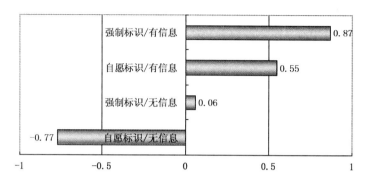

图 10—1   非转基因苹果与转基因苹果价格差

(二)计量分析

基于前文理论假设,以非转基因价格 P_F 与转基因价格 P_Z 差作为因变量,自变量的选择在马琳、顾海英(2011)模型自变量的基础上稍作改动,即包括转基因食品信息宣传政策(X_1)、消费者的个人特征(X_2)、消费者的家庭特征(X_3)、消费者对转基因食品的认知程度(X_4)、消费者对转基因食品安全的认同程度(X_5)五个解释变量。其中,X_2 包括年龄(X_{21})、性别(X_{22},女性为 1,男性为 0)、教育程度(X_{23})、工作性质(X_{24},政府及事业单位为 1,其他为 0)、购买地点(X_{25},超市为 1,其他为 0)五个变量;(X_3)包括家庭规模(X_{31})、家庭人均月收入(X_{32})、居住城市(X_{33},上海为 1,其他为 0)、居住地区(X_{34},市区为 1,其他为 0)四个变量。模型采用线性形式,即:

$$P_i = \alpha_{ij} + \beta_{1ij} X_{1ij} + \beta_{21ij} X_{21ij} + \cdots + \beta_{5ij} X_{5ij} + \varepsilon_{ij}$$

式中,j 代表第 j 位受试者。具体回归中,将受试者分为两类,即首次试验中对转基因苹果给出较高价格的受试者,以及对非转基因给出较高价格的受试者。模型中的 i 代表不同类别的消费者。回归采用简单的 OLS 回归,回归结果见表 10—3。

表 10—3   回归结果

变量	正偏好自愿标识	正偏好强制标识	负偏好自愿标识	负偏好强制标识
信息	0.493(1.25)	0.776**(2.27)	−0.411(−1.00)	0.663(1.22)
年龄	−0.486*(−1.77)	0.174(0.64)	0.050(0.12)	1.111*(1.96)
性别	−0.015(−0.84)	0.014(0.95)	0.003(0.21)	0.033(1.37)
教育程度	−0.026(−0.07)	0.800*(1.97)	−0.150(−0.51)	0.251(0.42)
工作性质	−0.133(−0.46)	0.058(0.14)	0.329(0.44)	−0.479(−0.80)

续表

变量	正偏好自愿标识	正偏好强制标识	负偏好自愿标识	负偏好强制标识
购买地点	−0.647(−1.01)	−0.321(−1.08)	−0.013(−0.03)	−0.371(−0.49)
家庭规模	−0.203(−1.48)	−0.063(−0.58)	−0.046(−0.38)	−0.602**(−2.65)
家庭人均月收入	0.000(−0.5)	0.000(−1.21)	0.000(−1.14)	0.000(−0.86)
居住城市	0.464(0.71)	0.335(0.87)	0.496(0.72)	1.176*(1.70)
居住地区	0.244(0.55)	0.087(0.30)	0.335(0.56)	−0.355(−0.79)
认知	−0.001(−0.01)	0.103(0.85)	0.038(0.20)	−0.102(−0.41)
安全认可度	−0.394*(−1.87)	−0.312(−1.58)	0.163(0.99)	0.299(1.24)
常数	3.082(2.72)	0.474(0.71)	0.965(0.56)	1.141(0.87)
R-squared	0.2946	0.2957	0.1308	0.3605

注：* 代表 10% 的显著性水平，** 代表 5% 的显著性水平；括号内为 t 值；正偏好即自愿标识、无转基因食品信息宣传条件下对非转基因给出较高价格的消费者。

首先来看信息供给的政策效应。从回归结果可以看出，对于首次试验中对非转基因苹果给出较高价格的受试者，自愿标识条件下，转基因宣传政策对价格差的影响并不显著，而在强制标识政策下，转基因宣传政策对价格差的影响在 5% 的水平上具有显著性，并且强制标识下宣传信息对价格差的影响系数也更大，有宣传信息相对没有宣传信息竞拍价格差的变异为 0.776 元。这就证明了对于首次试验中对非转基因苹果给出较高价格的受试者说，信息宣传政策、强制标识政策更能给消费者带来福利的改善。而对于首次试验中对转基因苹果给出较高价格的受试者，政策的效果要弱一些，但相对于自愿标签，强制标签环境下信息宣传的效果也要优于自愿标签下的信息宣传效果。

其次考查个体特征对价格差的反应。在首次试验中对非转基因苹果给出较高价格的受试者中，自愿标签环境下，除信息宣传变量外，年龄及安全认知两个变量对决策变化的影响较为显著，并且负相关。年龄越大、对转基因产品安全性的认知越高，竞价差越小，说明年长者对转基因与非转基因苹果的区分有限，并且随着对转基因产品安全性认知的提高，对两者的偏好也将趋同。强制标签环境下教育程度变量对价格差的影响具有显著性，说明教育程度越高，对两者偏好的差异越大。在首次试验中对转基因苹果给出较高价格的受试者中，自愿标签下各变量的影响均不显著，强制标签下年龄、家庭规模和居住城市具有一定的显著性。年龄与价格差正相关，即年龄越大，价格差越大；家庭规模与价格差负相关，即家庭规模越大，对非转基因苹果给出的价格更高。另外，居住在上海首次试验中对转基因苹果给出较高价格的受试者,相对其他两个城市的受试者对两类苹果偏好的差异性更大。

再次考查个体特征对信息政策环境变化的敏感性。信息供给政策能够较好地提升消费者的福利,但对于福利的提升状况与消费者个体特征之间是否存在联系,是值的探讨的。通过对比自愿标识与强制标识下的回归结果可以发现,在首次试验中对非转基因苹果给出较高价格的受试者中,同时满足变量影响的显著性提高并且价格差变大两个条件的有教育与认知两个变量,特别是教育由自愿标识条件下的不显著变得显著,即教育程度越高、对转基因食品了解得越多,其受标签政策的影响越明显。而对于首次试验中对转基因苹果给出较高价格的受试者,年龄与居住城市变量由自愿标识条件下的不显著变得显著,并且价格差变异明显增加,说明强制标识对于年长者及处于上海的受试者影响最大。

五、本章小结

本章通过对实验数据的分析,检验了食品信息供给政策对我国消费者福利改善的效果,并在偏好一致的条件下初步考查了消费者特征对政策变化的敏感性。结果表明,随着转基因食品信息供给数量及明确度的增加,我国消费者的福利逐步改善,相对强制标识政策,信息宣传政策对消费者福利改善的作用更大,而信息宣传与强制标识政策同时实施时消费者福利改善则更为明显。从消费者个体类型来看,首次试验中对非转基因苹果给出较高价格的受试者,对政策变化的反应更为明显。对于首次试验中对非转基因苹果给出较高价格的受试者,教育程度对信息政策敏感,即教育程度越高,信息政策对其福利改善越大;对于偏好转基因苹果的消费者,年龄及居住城市变量对信息政策更敏感。由对受试者的实验可知,信息宣传及强制标识等信息供给政策对改善我国消费者福利有着积极的作用。因此,在当前日益关注食品质量安全及推进消费者选择多样性的环境下,为提高消费者福利水平,应积极采取措施改善食品交易过程中的信息不对称。

第11章

研究结论与建议

　　食品安全关乎国人生命健康,社会各界对此高度期待。近年来,我国政府为提升食品安全水平亦做出了诸多努力,但频发的食品安全问题折射出我国食品安全形势依然严峻,食品安全保障体系远非完善。通过对我国食品安全现状的分析可知,由人为性背德因素引致的食品安全问题还占相当大的比重,因此,强化监管势在必行。但我们也应认识到,中国食品产业体量巨大,流通渠道多样,经营主体分散,在监管资源有限、监管技术能力相对薄弱的现实制约下,单纯依靠监管查验控制食品安全,不但成本较高,而且难以做到全面监控。本研究从市场、政府等共治资源压力整合视角对食品安全治理进行了分析,认为激活各共治资源,建立有效的压力传导机制,对于克服资源约束、提高我国食品安全的治理绩效有着重要的意义。

一、研究结论

　　第一,我国食品安全态势。近年来,随着治理体系的不断加强,我国食品安全水平也有了较大幅度的改善。当前,我国农产品及食品安全合格率已达96%以上,食品相关产品的合格率也稳步上升,说明我国食品安全形势不断改善,总体可控。但食品安全水平的提升并不代表当前食品安全已达到一个令人满意的境况,我国食品安全事件仍然频发,违法事件层出不穷,食品安全水平有待进一步提升。而从不同主体食品安全的压力感知调查来看,尽管消费者对食品安全问题有着较强的诉求,但无论是农户,或是商户,还是生产企业,其对于食品安全的认知还不够充分,压力感知状况依然不足。从我国食品安全保障体系的变迁与现状来看,我国食品安全保障体系随着社会、经济的发展而不断变迁演进,从新中国成立至今共经历了五个阶段,前三个阶段食品安全保障体系的变革主要源于对主体制度的适应性调整,而后两个阶段的变革则源于外界压力下的主动调整。当前我国食品安全保障措施已呈现多样化,从法律标准、监管措施、监管技术等不同层面保障我国的食品安全,但面对复杂的环境,我国食品安全的保障依然存在较大的困难。未来一段时间内,我国食品安全治理将更多地表现为集中监管、多方共治。

第二,食品安全目标水平的选择机理。食品安全目标水平的研究目的在于为食品安全的保障或激励进行一个"度"的思考。尽管消费者对食品安全目标水平的需求存在一定的非饱和性,但食品安全目标水平的选择并非越高越好,目标水平的提高,必然会导致食品生产成本的提高,进而从另一个层面对社会福利造成影响。研究中基于社会福利函数对食品安全目标水平的选择进行了理论探讨。研究结果表明,从功利主义社会福利函数形式来看,食品安全的最优目标水平受到整体国民收入水平及消费者收入分布的影响,当国民收入水平整体较高时,倾向于提高食品安全目标水平,并且,富裕主导型社会的食品安全最优目标水平高于贫困主导型社会的最优目标水平。但在功利主义社会福利函数形式下,消费者效用的简单加总忽视了社会个体之间的差别。现实中,食品安全目标水平的选择还受到精英者社会福利函数形式与罗尔斯社会福利函数形式的影响。精英者社会福利函数形式以精英者的福利作为社会追求的目标,存在一定的正向激励,但缺乏对弱势群体的关注。另外,功利主义与精英者社会福利函数形式均缺乏对食品安全治理过程中伦理的考虑。罗尔斯社会福利函数虽然符合匿名性与哈蒙德平等性的伦理标准,但其以低收入者福利作为社会福利选择的要求,倾向于放松对食品安全的治理,这在一定程度上与直觉相矛盾。食品安全目标水平的选择,不但要考虑消费者诉求、伦理约束,还要考虑消费者的健康权与低收入者认知的局限性,这又倾向于提高食品安全的目标水平。而通过转移支付政策,无论在功利主义社会福利函数形式下,还是在罗尔斯社会福利函数形式下,最优的食品安全目标水平都将有所提高,同时也在一定程度上考虑了伦理约束,保证了消费者的健康权,改善了社会福利。本研究认为,在社会转移支付与保障政策下,最优食品安全目标水平,应落在功利主义社会福利函数形式下的最优食品安全目标水平与精英者社会福利函数形式下的最优目标水平之间。

第三,市场压力与食品企业质量安全决策机制。信息不对称条件下,由于生活的必需性、交易的频繁性与决策的瞬时性,消费者对具体品类食品质量安全水平的判定更大程度上表现为一种信念认知,并且,这一信念认知影响了其购买行为,进而影响了企业的食品质量安全水平选择决策。研究中在引入 Daughety 和 Reinganum(2008a)竞争模型的基础上,基于消费者对食品质量安全信念修正得不彻底及行业波及效应这一假设前提,从市场信念视角分析了食品企业质量安全决策的内在机理及促使食品企业改善食品质量安全水平的市场压力条件。研究表明,食品企业的质量安全选择不仅受到市场对问题企业自身质量安全信念认知的影响,还受到行业效应的影响,市场对问题企业食品质量安全水平修正得不彻底以及问题企业的行业波及效应,阻碍了企业改善食品质量安全水平的积极性。而从长期来看,问题企业被曝光的可能性以及市场对问题企业信念恢复的速度都会影响食品质量安全水平的提升。研究还表明,在其他条件不变的情况下,垄断可以在一定程度上促进食品质量安全水平的提升。另外,研究还从食品质量安全基础信念差异视角分析了中国食品企业与发达国家食品企业自律性不同的原因,在一定程度上解释了为什么目前中国食品企业倾向于集体败德。客观来看,中国食品安全水平与发达国家还存在一定的差距,加之近年来频发的食品安全问题影响了消费者对中国食品安全水平的信任。因此,市场对国内食品安全状况的认可度较低,即相对发达国家来说,中国食品企业面对的市场基础信念较低。而由理论分析可知,当基础信念较低时,不但直接影响了企业选择生产高安全水平食品的决策,而且,一旦某一食品企业出现食品安全问题,消费者往往会对整个行业表现出不信任,行业波及效应明显,从而进一步弱化了企业改善食品安全的激励。因此,基于追求利润的理性假设,较低的食品安全市场基础信念水平使中国食品企业的自律性较差,选择败德行为的概率较高。

第四,压力约束与食品安全治理。食品安全问题的产生,本质在于生产经营主体对利益的诉求,而基本的条件源自信息的不对称,由于监管资源的有限性,仅靠政府部门的单极治理将难以实现对食品安全问题的有效遏制,社会共治已成为当前我国食品安全治理的主导理念。但由于共治主体参与动力机制不足、各主体资源整合机制缺失等原因,目前我国食品安全社会共治的绩效并未完全发挥。为激活各主体资源参与食品安全治理,并提高食品安全社会共治的绩效,应进一步完善主体间的压力机制,通过建立不同主体间的监督与压力传导机制、食品供应链上的压力传导机制来压缩食品生产经营主体违规隐藏空间,干预食品生产经营主体预期收益,达到改善食品生产经营主体行为、提升食品安全治理绩效的目标。另外,由于食品供应链各环节均是食品安全问题的产生源,因此,食品安全的治理应从全供应链层面着手。我国食品供应链的复杂性在一定程度上增加了食品安全风险,也导致了我国食品安全监管资源的相对紧缺,为了在有限的监管资源条件下提高监管绩效,必然要求提高监管资源的配置效率。研究中通过模拟供应链上不同监管资源配置模式,对监管资源的配置绩效进行了考察。结果表明,监管资源的配置方式对监管绩效存在影响,而由于资源的有限性仅靠政府监管资源难以较好地管控食品安全风险,只有提高供应链上的治理压力传导效力,并完善监管资源配置,特别是注重终端责任机制的建立,才能有效提升食品安全治理效能。

第五,治理政策与市场认同。市场对食品安全属性的溢价支付不但体现了促进企业改善食品安全水平的市场力量,也影响着政府治理政策的选择。可追溯体系与 HACCP 认证作为当前受到普遍关注的两类食品安全政策,均可在一定程度上弱化信息不对称带来的影响,提高食品安全的保障水平,但在两种政策的推进过程中应如何有序安排、企业是否有采纳的意愿,对以上问题的回答,不但要考虑政策实施的难度,还应考虑市场的认同程度。研究中通过引入选择实验以消费者支付意愿为评判依据,对市场的政策偏好进行了实证考察。结果表明,消费者对经营者培训、可追溯体系与 HACCP 认证均具有显著的支付意愿,其中对 HACCP 认证的支付溢价最高。政策的推进,不但是食品安全形势不容乐观条件下的被动选择,而且从市场视角来看,消费者愿意为这些政策支付一定的溢价。也就是说,即使政策在某种程度上推高了食品的价格,只要价格的增幅在消费者支付意愿之内,消费者福利依然可以得以改善,并且如果完善了政策实施的外部环境,企业也有实施相应政策、提升食品安全的内在动力。

除此之外,研究还以转基因食品为例,对信息供给的福利效应进行了分析。基于信息经济学原理,在转基因食品交易过程中,通过信息供给,可以在一定程度上弱化信息不对称导致的消费者福利损失。通过对转基因苹果的拍卖实验表明,信息宣传教育与强制标识都可以提高消费者福利水平,但信息宣传政策的效果更明显,当两种政策同时实施时对消费者的福利改善最有利。从消费者个体特征对政策的反应来看,自愿标识、无转基因宣传信息条件下对非转基因苹果给出较高价格的受试者,受信息政策的影响更为显著,并且教育水平较高的消费者,对信息供给政策更加敏感。

二、政策建议

由上文分析可知,面对频发的食品安全问题,我国政府近年来采取了一系列措施,目前,我国已初步构筑了多层面的食品安全保障体系。但由于国内食品产业复杂的现实及社会发展阶段的制约,对食品安全的治理将是一个艰巨而长期的过程。基于国内食品安全现实情景考量,完善相关法律、理顺部门职责、发展保障技术、加大抽检力度、提高惩罚标准等政府监管措施依然是我国治理食品安全的基本方略,本研究基于共治资源整合与压力传导视角对中国食品安全问题的研究,亦是在现有保障体系的基础上对完善治理体系的一个探索。为更好地保障我国食品安全,提高我国食品安全治理绩效,以下方面值得进一步思考。

(一)树立科学治理理念,适应治理环境发展

首先,在食品安全保障理念上,要由被动监管理念走向主动预防与干预理念。受制于官本位思想,加之监管资源有限,我国食品安全监管保障目前还主要处于事

后被动监管阶段,虽然近年来我国正逐步建立食品安全风险预警机制,但基本停留在宏观层面,在微观食品安全问题的预防与干预方面还比较薄弱。基于此,我国食品安全保障体系应在加强事后查验的同时,树立主动作为的理念,使食品安全保障由被动走向主动,政府不仅要"管"与"罚",还要"教"与"帮"。一方面,应进一步加强食品安全宏观风险的监测与预警;另一方面,还应加强对微观从业主体、消费主体等相关主体的事前干预。例如,通过实施相关认证、考评体系项目,降低经营主体的食品安全风险隐患;通过实施相关帮扶、教育项目,帮助中小食品生产经营主体及农户规范生产。需指出的是,在对微观食品生产经营主体事前帮扶干预的过程中,要充分调动并发挥行业协会、科研机构、认证机构等社会组织的力量,真正实现食品安全保障的协同共治。

其次,在制度设计的原则上,既要体现一定的前瞻性,也要考虑科学性与适应性。制度的目的在于规范未来一段时间内的相关活动,因此要具有一定的前瞻性。综观我国食品安全保障制度体系变迁,很多时候是一种被动的调整,制度的先导引领作用没有很好地发挥,如前期制度层面对农产品数量的偏重导致了生产过程中一系列问题的出现,从而影响了农产品质量安全水平。制度的设计需要顺应发展,预先谋划,例如,目前我国已由食品卫生治理阶段过渡到了食品安全治理阶段,可以预见,随着社会的发展,食品营养治理或将成为下一阶段食品安全保障的主题之一,食品营养的长期不均衡对人体健康造成的影响、特殊人群对营养物质的不同要求等,都会表现出一定的安全问题,因此需要有相应制度来对诸如食品包装标注、提示等加以规范。另外,制度的设计还要考虑科学性与适应性。我国食品安全保障制度的设计,既要体现消费者的现实诉求,也要考虑到我国的现实情景,食品安全水平既与监管能力有关,还受到社会发展水平等客观因素的影响,盲目过度从严的制度或标准将难以实施,进而影响制度的公信力,因此,在制度的设计上还要充分考虑我国食品产业的现实并进行动态调整。

(二)弱化信息不对称,压缩食品安全问题产生空间

理论研究表明,信息不对称造成的市场信念偏误以及行业波及效应,弱化了对违规食品企业的惩罚与对高安全水平食品企业的激励,从而导致食品市场的"集体背德",因此,消除或降低食品安全信息的不对称,让消费者更多地了解食品安全状况,从而做出相应购买与支付决策,是食品安全治理的最直接途径。就具体措施而言,生产者可以采取主动公开(如信息发布或透明厨房等形式)、消费者可以深入考察、监管者可以对掌握信息进行公示等。从生产者角度来看,其往往会有选择地进行信息公开,因此信息存在一定的片面性;而从消费者角度来看,其获取食品安全信息的时间、成本、条件往往难以允许。因此,弱化食品安全信息的不对称,应充分

重视政府层面作用的发挥。

首先,推进供应链可追溯体系。随着现代食品产业的发展,食品行业的流通速度越来越快、交互性越发明显,食品安全中的信息不对称首先表现为责任主体的不明确,当最终食品出现安全问题时,往往由于已经经过了多阶段的流通甚至加工工序,对食品安全问题的风险源难以归因,这就为食品生产经营主体提供了很好的隐蔽与败德空间,而供应链上个别生产经营主体的背德行为将给诚信企业带来食品安全风险与治理成本,从而弱化了对企业改善食品安全的激励。尽管目前中国已实施了食品进货台账与记录制度,但从实施效果来看并不理想。一方面,记录制度在执行过程中存在诸多问题;另一方面,终端买者很难有充分的精力追溯台账并进行归因。而可追溯体系的建立,可以让消费者直接了解到食品的来源甚至更详细的生产加工信息,在此条件下,不但有利于消费者的维权,也可以使消费者对食品生产经营主体有更多的了解,从而更有利于食品生产经营主体市场声誉效应的形成。可追溯体系对降低食品安全信息不对称、提升食品安全水平的积极作用已被广泛研究与认可,中国目前也已在试点的基础上进一步扩大推广,十八届三中全会进一步提出,要建立食品原产地可追溯制度和质量标识制度,保障食品安全。但可追溯体系的建立不仅要求企业内部控制体系的变革,而且需要整个供应链上的协调一致,需要信息化技术的支持,因此,前期投入比较大,使小企业难以承受。尽管本研究的实证分析表明,市场对可追溯体系存在显著的支付意愿,但在国内目前食品产业规模集中度不高、实施成本较高的情况下,企业很难有实施的积极性,若要推进,建议政府进行前期投入补贴,以降低企业实施门槛,增加企业参与的积极性,从而促进食品安全水平的提升。

其次,微观检测信息数据的公布。检测信息是企业食品安全状况的真实反映,通过专业检测可以了解到食品安全的真实状况,从而降低食品安全的信息不对称程度。但对于一般买者来说,专业检测的成本较高、途径有限。政府监管部门作为社会福利的代表,负有对食品生产经营主体实施监督的责任,并且具备检测条件。近年来,随着社会对食品安全的关注,政府相关部门也加大了食品安全的检测力度,有些地方政府开始发布食品安全年报,对区域食品安全状况进行总体判断,部分公布食品安全信息。政府信息的公布,使消费者对食品安全总体情况有了进一步的了解。但还有两个方面需进一步完善:第一,避免食品安全信息成为食品安全保障成绩炫耀的工具。从大部分政府公布数据可以看出,各地的食品安全状况总体趋好;但需要说明的是,中国食品安全检测、信息管理与评价皆为政府部门,甚至是同一机构,这就难以避免政府对检测取样、检测信息的政治影响,因此,增加抽检取样、检测分析以及信息评估的相互独立性,也就成为保证信息真实性、代表性的根本。第二,现有检测信息的公布,往往只是宏观层面的合格率等总体信息,信息更多地发挥了宣传功能,消费者很难从信息中获得具体食品的安全状况及生产经营主体的诚信状况,因此,应进一步完善食品安全检测数据库,并将检测的微观信息进行公布,从而让消费者了解到微观生产经营主体的具体食品安全状况,使信息能影响消费者的购买决策,进而以市场压力促进食品生产经营主体行为的改善。

最后,组建消费者食品安全监督代表团。减少信息不对称还可以从激励消费者主动参与层面进行。当前,由于中国食品安全监管资源有限,专职食品安全监管人员缺乏,难以对食品生产经营主体做到有效全面的监管;另外,食品安全的治理,也需要消费者的参与,因此,可以考虑组建消费者食品安全监督代表团。尽管我国目前鼓励消费者对食品安全进行监督与举报,但一方面,很多消费者根本没有途径深入食品企业查找食品安全问题,媒体记者对许多食品安全问题事件的曝光可以说是冒着危险通过各种途径暗访的结果;另一方面,即使部分消费者发现食品安全问题,也存在多一事不如少一事的心态,认为这是监管人员的事,自己只要不买就可以了。而通过消费者食品安全监督代表团的组建,赋予监督成员随时直接查验区域内相关食品经营主体生产经营状况的权力,一方面可以缓解监管资源有限、人员短缺的现实;另一方面,通过赋权,增加消费者的责任感与使命感,并为其发现食品安全问题创造可行途径。另外,还应赋予消费者食品安全监督成员食品安全保障政策建议权、对政府监管人员的监督权等,并对在食品安全监督中发挥积极作用的成员给予相应激励。通过引入消费者代表的参与,不但拓展了食品安全治理的力量来源,使消费者更多地了解到企业食品安全相关信息,而且让消费者更清楚国内食品安全的治理现实,消除消费者对政府食品安全治理绩效的误解,提升消费者对中国食品安全治理的信心。

(三)激活共治资源,理顺食品安全规范的压力约束

首先,将食品企业纳入治理资源。如何才能最大限度地扩充食品安全社会治理资源并提高治理资源参与食品安全治理的积极性,是提高食品安全治理绩效的前提。基于本研究对社会共治机理的分析,发现弱化食品安全信息的不对称、压缩问题食品的隐藏空间,是推进食品安全社会共治的重要手段。而对食品安全信息最了解的应属食品生产经营主体。当前,我国食品企业的自律性以及食品供应链上主体的监督治理绩效并未显现,所以推进食品安全的社会共治的重点之一是将食品产业链相应主体视为重要的治理资源,而不仅仅是作为治理对象。供应链上的食品生产经营主体相对来说具备相应知识与经验,对食品安全潜规则以及问题点相对更了解。因此,将食品生产经营主体视为重要的社会共治资源,充分调动其治理积极性,是充实食品安全共治资源、提高食品安全共治绩效的重要手段。基于

此,应进一步重视食品生产经营主体安全治理的属性,从"食品企业是食品安全第一责任主体"理念转变到"食品企业是食品安全第一责任主体与重要治理主体"的理念,并在食品安全风险评估、政策制定以及日常监管过程中充分发挥其治理的主体作用。

其次,为了充分激活各类治理资源的治理潜能,提高治理绩效,应进一步拉近共治资源的物理及治理距离。对于政府监管部门,应进一步拉近物理距离,即提高监督的触及率,可行的措施如建立网格化监管模式,以明晰的责任促进监管人员实质监管、高频监管等;对于食品生产经营主体来说,重点应拉近治理距离,在加大对问题企业惩罚力度的同时,要将食品生产经营主体视为重要的治理资源,仅仅索证索票还是不够的,应进一步建立交易监督的责任追究机制,以促使供应链主体更大程度上参与食品安全治理;对于食品生产经营相关单位及载体,如网络平台、食品市场等,也应通过强化相应连带责任,将其纳入食品安全社会共治的范畴,改变过去"事不关己,高高挂起"的认知;对于媒体、公众等社会治理资源,不仅要拉近物理距离,还要拉近治理距离,可以通过提高奖励,激励公众积极参与食品安全监督,通过文化约束、道德约束,使公众逐渐认知到参与食品安全治理的责任,另外,为消费者食品安全监督与维权提供更多支持等。总之,通过拉近各类主体在食品安全治理过程中的物理距离及治理距离,使各类治理资源更主动、更充分地接触潜在食品问题源,并增进其治理责任与权力,从治理资源"量"以及"力"的层面为食品安全社会共治奠定良好的基础。

再次,建立压力传导机制,理顺治理主体间的压力链。食品安全共治效力的发挥,除扩充食品共治资源、明晰并强化各类资源责任外,还需进一步对各主体资源进行整合。可行的措施为理顺主体间的责任链,构建压力传导机制。食品安全社会共治的对象不仅仅是食品生产经营主体,还应对各类治理资源效力的正确与有效发挥形成约束。如通过社会文化观念培育、诚信体系的建设,甚至政府规制的约束,强化媒体与公众监督权的积极与正确使用;通过建立信息公开机制、征询与问责机制,实现公众甚至食品生产经营主体对政府监管部门的监督;等等。总之,通过建立不同主体间食品安全治理的约束机制,以形成食品安全治理的压力链,一方面进一步提高各类主体参与治理的积极性与规范性,另一方面这种压力的传导将进一步放大对最终食品生产经营主体的治理效力,从而提高食品安全社会共治的合力。

(四)丰富治理手段,协同政府与市场在食品安全治理中的作用

食品安全问题的产生,本质在于食品生产经营主体对利益的追求,而对食品生产经营主体预期收益的干预,自然成为基本的治理手段。总体来看,固定成本条件

下生产经营问题食品的利润主要受到相应惩罚及市场购买接受的影响,在食品安全社会共治的具体治理方式中,政府可通过惩罚,影响问题企业的收益预期,即发挥政府手段;公众及供应链交易主体可通过市场购买,干预问题企业收益预期,即发挥市场手段。但在现实中,政府手段与市场手段尚未实现相应干预效果的有效衔接与放大,从而影响了共治绩效。

首先,增加背德行为成本。加大食品安全监管与惩罚力度,是增加食品企业生产不安全食品成本最直接也是最根本的方法,因此,应认识到食品安全监管与食品安全激励并不是相互隔离的政策,加强监管可以进一步完善激励环境,在加大监管力度的具体措施方面,如提高监管密度、提高处罚标准以及提高食品安全诉讼的司法受理概率等,都可以有效增加背德食品企业的经营成本,从而激励其诚信经营。除以上传统方法外,还可以探索如食品经营企业保证金制度、食品企业及主要生产经营者经营痕迹管理等方法。从保证金制度来看,企业进入某一食品行业前,需交纳一定的保证金,一旦发现企业存在不良行为,可以扣除企业保证金。而从痕迹管理来看,借鉴网络交易记录模式,政府对企业的不良行为进行历史记录,并进行公布,从而增加违规的直接与间接成本。针对小微食品经营者罚无可罚的情况,可以探索建立人员经营记录,一旦经营者出现较为严重的食品安全问题,则相关人员将不允许再进入食品经营行业,并且使其经营记录对其从事其他工作也造成影响。

其次,实现市场激励。创造条件使重视食品安全的企业获得更高的溢价是激励企业重视食品安全的根本。可行的措施如引导社会重视食品企业声誉,使声誉在消费者决策中起到实质作用。例如,在餐饮业中推行笑脸制度,引导消费者支持重视食品安全的企业;对于在食品安全保障方面突出的生产经营者,政府可以采取相应支持政策,如政府对食品安全状况良好的企业进行税收优惠、金融支持等。另外,完善信号发送机制亦可增进市场激励作用的发挥。除此之外,理论研究表明,市场信念影响了食品企业的决策,因此,可以通过对消费者教育,让其对食品安全知识、食品安全信息以及食品安全信号有正确的认知与判断,从而做出正确的决策,通过市场购买的力量激励企业的行为,通过教育让食品市场更为理性,防止消费者因对国内食品市场情绪化认知而影响其对优质企业食品的购买。针对食品市场存的行业波及效应,政府应在食品安全问题发生时,做好应急预案,及时公布相关信息,从而避免个别企业的行为影响高质量安全水平企业的市场。

再次,建立食品安全诚信体系。食品安全的激励机制,本质在于完善市场经营环境,实现不同类别企业的可分离,从而让安全水平高的食品企业获得更多市场溢价。市场经营环境的完善,需要成熟的社会诚信体系,只有从社会层面、行业层面建立起完善的食品安全诚信体系,才能形成失信受罚、诚信受益的局面,并从整体上推进中国食品安全水平的提升。近年来,在一系列政策的推动下,中国社会诚信体系建设取得了一定的成效,但还远没有形成有效的运行模式。关于食品安全诚信体系的建设,以下几点需要考虑:一是应建立相应的制度保障,从食品企业征信到信用评估、再到诚信报告的使用都要有相应的标准与规范;二是要引导行业协会、金融机构、第三方检测机构等社会团体及市场法人作用的发挥,让不同主体参与到食品安全诚信体系的建设中来;三是在政府的大力扶持下,要充分发挥市场的作用,使食品诚信体系成为信用市场的重要组成部分,以市场需求的力量促进食品安全诚信体系的健康发展;四是建立食品安全诚信体系市场运行与食品安全政府监管的互动机制,做到信息的共享,并充分发挥社会教育与道德约束的作用。总之,加强食品安全社会诚信体系建设的过程,在某种意义上即是中国食品安全激励机制完善的过程。

参考文献

1. Akerlof, G. A.. The Market for 'Lemons': Quality Uncertainty and the Market Mechanism[J]. Quarterly Journal of Economics, 1970, 84(3): 488—500.

2. Antle, J. M. Economic analysis of food safety[J]. Handbook of Agricultural Economics, 2001, 1: 1083—1136.

3. Antle, J. M. No Such Thing as a Free Lunch: The Cost of Food Safety Regulation in the Meat Industry[J]. America Journal of Agricultural Economics, 2000, 82(2): 310—322.

4. Aung, M. M., Chang, Y. S. Traceability in a food supply chain: Safety and quality perspectives[J]. Food Control, 2014, 39: 172—184.

5. Auray, S., Mariotti, T., Moizeau, F. Dynamic regulation of quality[J]. The RAND Journal of Economics, 2011, 42(2): 246—265.

6. Baert, K., Devlieghere, F., Amiri, A., et al. Evaluation of strategies for reducing patulin contamination of apple juice using a farm to fork risk assessment model[J]. International Journal of Food Microbiology, 2012, 154(3): 119—129.

7. Bakhtavoryan, R., Capps, O., Salin, V. The impact of food safety incidents across brands: the case of the Peter Pan peanut butter recall[J]. Journal of Agricultural and Applied Economics, 2014, 46(4): 537—559.

8. Bouwknegt, M., Verhaelen, K., Rzeżutka, A., et al. Quantitative farm-to-fork risk assessment model for norovirus and hepatitis A virus in European leafy green vegetable and berry fruit supply chains[J]. International Journal of Food Microbiology, 2015, 198: 50—58.

9. Boys, K. A., Ollinger, M., Geyer, L. L. The Food Safety Modernization Act: Implications for US Small Scale Farms[J]. American Journal of Law & Medicine, 2015, 41(2—3): 395—405.

10. Brown, J. J., Cranfield, A. L. and Henson, S. Relating Consumer Willingness-to-Pay for Food Safety to Risk Tolerance: An Experimental Approach[J]. Canadi-

an Journal of Agricultural Economics,2005,53(2-3):249-263.

11.Bruhn, C. M.Consumer acceptance of irradiated food:theory and reality [J].Radiation Physics and Chemistry,1998,52(1):129-133.

12.Burton, M.,Rigby, D.,Young, T.,et al.Consumer attitudes to genetically modified organisms in food in the UK[J].European Review of Agricultural Economics,2001,28(4):479-498.

13.Can-Trace.Cost of traceability in Canada:Developing a measurement model.Report March 2007.Ottawa,Canada:Agriculture and Agri-Food Canada,2007.

14.Codron, J. M., Adanacioglu, H., Aubert, M., et al. The role of market forces and food safety institutions in the adoption of sustainable farming practices:The case of the fresh tomato export sector in Morocco and Turkey[J].Food Policy,2014,49:268-280.

15.Coleman, W. W.Animal food safety and dairy regulations,now and in the future:from farm to fork,a state perspective[J].Journal of Dairy Science,1995,78 (5):1204-1206.

16.Coslovsky, S. V.Economic development without pre-requisites:How Bolivian producers met strict food safety standards and dominated the global Brazilnut market[J].World Development,2014,54:32-45.

17.Costa-Font, M.,Gil, J. M.,Traill, W. B.Consumer acceptance,valuation of and attitudes towards genetically modified food:Review and implications for food Policy[J].Food Policy,2008,33(2):99-111.

18.Daughety, A. F.,Reinganum, J. F.Communicating quality:a unified model of disclosure and signalling[J].The RAND Journal of Economics,2008,39(4):973-989.

19.Daughety, A. F.,Reinganum, J. F.Imperfect competition and quality signalling[J].The RAND Journal of Economics,2008,39(1):163-183.

20.David, L.,Holly, W.,Laping, W.,Nicole, J.Modeling heterogeneity in consumer preferences for select food safety attributes in China[J].Food Policy, 2011(36):318-324.

21.Dickinson, D. L.,Bailey, D. V.Meat traceability:Are US consumers willing to pay for it? [J].Journal of Agricultural and Resource Economics,2002,27 (2):348-364.

22.Drew, C. A.,Clydesdale, F. M.New food safety law:effectiveness on the ground[J].Critical Reviews in Food Science and Nutrition,2015,55(5):689—700.

23. Dubovik, A., Janssen, M. C. W. Oligopolistic competition in price and quality[J].Games and Economic Behavior,2012,75(1):120—138.

24. Echols, M. A.Food safety regulation in the European Union and the United States:different cultures, different laws[J]. Columbia Journal of European Law,1998,4(3):525—544.

25. Escanciano, C.,Santos-Vijande, M. L.Reasons and constraints to implementing an ISO 22000 food safety management system:Evidence from Spain[J]. Food Control,2014,40:50—57.

26. Fagotto, E.Private roles in food safety provision:the law and economics of private food safety[J].European Journal of Law and Economics,2014,37(1):83—109.

27. Fernando, Y.,Ng, H. H.,Yusoff, Y.Activities,motives and external factors influencing food safety management system adoption in Malaysia[J]. Food Control,2014,41:69—75.

28. Fershtman, C.,Judd, K. L.Equilibrium incentives in oligopoly[J].The American Economic Review,1987,77(5):927—940.

29. Food Safety Inspection Service.Enhanced Facilities Database,Washington, DC:U.S. Department of Agriculture,2000.

30. Fox, J. A.,Hayes, D. J.,Shogren,J. F.Consumer preferences for food irradiation:How favorable and unfavorable descriptions affect preferences for irradiated pork in experimental auctions[J].Journal of Risk and Uncertainty,2002,24(1):75—95.

31. Gorris, L. G. M.Food safety objective:an integral part of food chain management[J].Food Control,2005,16(9):801—809.

32. Grossman, S. J.The informational role of warranties and private disclosure about product quality[J].The Journal of Law & Economics,1981,24(3):461—483.

33. Grunert, K. G.Food quality and safety:consumer perception and demand [J].European Review of Agricultural Economics,2005,32(3):369—391.

34. Hamilton, S. F.,Sunding, D. L.,Zilberman, D.Public goods and the value of product quality regulations:the case of food safety[J].Journal of Public Economics,2003,87(3):799—817.

35.Hammoudi, A.,Hoffmann, R.,Surry, Y.Food safety standards and agrifood supply chains:an introductory overview[J].European Review of Agricultural Economics,2009,36(4):469－478.

36.Handford, C. E.,Elliott, C. T.,Campbell, K.A review of the global pesticide legislation and the scale of challenge in reaching the global harmonization of food safety standards[J]. Integrated Environmental Assessment and Management,2015,11(4):525－536.

37.Henson, S.,Traill, B.The demand for food safety:Market imperfections and the role of government[J].Food Policy,1993,18(2):152－162.

38.Henson,S.and Holt,G.Exploring incentives for the adoption of food safety controls:HACCP implementation in the UK dairy sector[J].Review of Agricultural Economics,2000,22(2):407－420.

39.Heslop, L. A.If we label it,will they care? The effect of GM-ingredient labelling on consumer responses[J].Journal of Consumer Policy,2006,29(2):203 －228.

40.Hoffmann,S. and Harder,W.Food Safety and Risk Governance in Globalized Markets.www.rff.org,2010.7.

41.Huffman, W. E.,Shogren, J. F.,Tegene, A.The value of verifiable information in a controversial market:Evidence from lab auctions of genetically modified food[R].Iowa State University,Department of Economics,2002.

42.Jan,M.S.,Fu,T.T.and Liao,D.S.Willingness to Pay for Haccp on Seafood in Taiwan[J].Aquaculture Economics & Management,2006,10(1):33－46.

43.Janssen, M. C. W.,Roy, S.Signaling quality through prices in an oligopoly[J].Games and Economic Behavior,2010,68(1):192－207.

44.Kher, S. V.,Frewer, L. J.,De Jonge, J.,et al.Experts' perspectives on the implementation of traceability in Europe[J].British Food Journal,2010,112 (3):261－274.

45. Kirezieva, K.,Luning, P. A.,Jacxsens, L.,et al.Status of food safety management activities in fresh produce companies in the European Union and beyond[C]//XVII International Symposium on Horticultural Economics and Management and V International Symposium on Improving the 1103,2014:167－174.

46.Koutsoumanis, K. P.,Gougouli, M.Use of Time Temperature Integrators in food safety management[J].Trends in Food Science & Technology,2015,43

(2):236—244.

47.Lancaster,K.J.A new approach to consumer theory[J].The Journal of Political Economy,1966,74(2),132—157.

48.Latouche,K.,Rainelli,P.and Vermersch,D.Food safety issues and the BSE scare:Some lessons from the French case[J].Food Policy,1998,23(3):347—356.

49.Loureiro,M. L.,Umberger, W. J.A choice experiment model for beef: What US consumer responses tell us about relative preferences for food safety, country-of-origin labeling and traceability[J].Food Policy,2007,32(4):496—514.

50.Louviere,J.J.,Hensher,D.A.and Swait,J.D.Stated choice methods Analysis and Applications[M].Cambridge University Press,2003.

51.Luce,R.Individual Choice Behavior[M].New York:Wiley,1959.

52.Lupin,H.M.,Parin,M.A.,Zugarramurdi,A.HACCP economics in fish processing plants[J].Food Control,2010,21(8):1143—1149.

53.Lusk, J. L.,House, L. O.,Valli, C.,et al.Effect of information about benefits of biotechnology on consumer acceptance of genetically modified food:evidence from experimental auctions in the United States,England,and France[J]. European Review of Agricultural Economics,2004,31(2):179—204.

54.Mai,N.,Bogason,S.G.,Arason,S.,Arnason,S.V.,and Matthiasson,T.G. Benefits of traceability in fish supply chains e case studies[J].British Food Journal,2010,112(9),976—1002.

55.Martinez, M. G.,Fearne, A.,Caswell, J. A.,et al.Co-regulation as a possible model for food safety governance:Opportunities for public-private partnerships[J].Food Policy,2007,32(3):299—314.

56.Martinez,M.G.,Fearne,A., Caswell,J.A., Henson,S.Co-regulation as a possible model for food safety governance:opportunities for public-private partnerships[J].Food Policy,2007,32(3):299—314.

57.Mazzocchi, M.,Lobb, A.,Bruce, Traill W.,et al.Food scares and trust:a European study[J].Journal of Agricultural Economics,2008,59(1):2—24.

58.McCluskey,J.J.,Grimsrud,K.M.,Ouchi,H.and Wahl,T.I.Bovine pongiform encephalopathy in Japan:consumers' food safety perceptions and willingness to pay for tested beef[J].The Australian Journal of Agricultural and Resource Economics,2005,49(2):197—209.

59. McFadden，D. Conditional Logit Analysis of Qualitative Choice Behavior Frontiers in Econometrics[M]. Zarembka：Academic Press，1973.

60. Ménard，C.，Klein，P. G. Organizational issues in the agrifood sector：toward a comparative approach[J]. American Journal of Agricultural Economics，2004(86)：750—755.

61. Mergenthaler，M.，Weinberger，K. and Qaim，M. Consumer Valuation of Food Quality and Food Safety Attributes in Vietnam[J]. Review of Agricultural Economics，2009，31(2)：266—283.

62. Michaelidou，N.，Hassan，L. M. The role of health consciousness，food safety concern and ethical identity on attitudes and intentions towards organic food[J]. International Journal of Consumer Studies，2008，32(2)：163—170.

63. Milgrom，P.，Roberts，J. Price and advertising signals of product quality [J]. The Journal of Political Economy，1986，94(4)：796—821.

64. Moises，A. Resende-Filho，Brian，L. B. A Principal-Agent Model for Evaluating the Economic Value of a Traceability System：A case Study with Injection-Site Lesion Control in Fed Cattle[J]. America Journel of Economics，2008，90(4)：1091—1102.

65. Nayga Jr.，R. M. Sociodemographic influences on consumer concern for food safety：the case of irradiation，antibiotics，hormones，and pesticides[J]. Review of Agricultural Economics，1996，8(3)：467—475.

66. Nelson，P. Information and consumer behavior[J]. Journal of Political Economy，1970，78(2)：311—329.

67. Nganje，W. and Mazzocco，M. A. Economic Efficiency Analysis of HACCP in the U.S. Red Meat Industry，Economics of HACCP：Costs and Benefits[M]. Eagan Press，2000：241—266.

68. Nocke，V. Collusion and dynamic(under—) investment in quality[J]. The RAND Journal of Economics，2007，38(1)：227—249.

69. Noussair，C.，Robin，S.，Ruffieux，B. Do Consumers Really Refuse to Buy Genetically Modified Food？ [J]. The Economic Journal，2004，114(492)：102—120.

70. Okello，J. J.，Swinton，S. M. Compliance with international food safety standards in Kenya's green bean industry：Comparison of a small-and a large-scale farm producing for export[J]. Applied Economic Perspectives and Policy，2007，29

(2):269—285.

71. Ortega, D. L., Wang, H. H., Widmar, O., et al. Effects of media headlines on consumer preferences for food safety, quality and environmental attributes[J]. Australian Journal of Agricultural and Resource Economics, 2014, 59(3): 433—445.

72. Ortega, D. L., Wang, H. H., Wu, L., et al. Modeling heterogeneity in consumer preferences for select food safety attributes in China[J]. Food Policy, 2011, 36(2): 318—324.

73. Piggott, N. E., Marsh, T. L. Does food safety information impact US meat demand? [J]. American Journal of Agricultural Economics, 2004, 86(1): 154 —174.

74. Polyzou, E., Jones, N., Evangelinos, K. I., Halvadakis, C. P. Willingness to pay for drinking water quality improvement and the influence of social capital[J]. The Journal of Socio-Economics, 2011, 40(1): 74—80.

75. Porteus, E. L. Optimal lot sizing, process quality improvement and setup cost reduction[J]. Operations Research, 1986, 34(1): 137—144.

76. Ragona, M., Mazzocchi. M. Food safety regulation, economic impact assessment and quantitative methods[J]. The European Journal of Social Science Research, 2008(21): 145—158.

77. Rawls, J. A Thoery of Justice[M]. Cambridge, MA: Harvard University Press, 1971.

78. Richards, T. J., Nganje, W. Welfare Effects of Food Safety Recalls[J]. Canadian Journal of Agricultural Economics, 2014, 62(1): 107—124.

79. Roberts. M. T. Mandatory Recall Authority: A Sensible and Minimalist Approach to Improving Food Safety[J]. Food and Drug Law Journal, 2004, 59: 563.

80. Roitner-Schobesberger, B., Darnhofer, I., Somsook, S., et al. Consumer perceptions of organic foods in Bangkok, Thailand[J]. Food policy, 2008, 33(2): 112—121.

81. Selgrade, M. J. K., Bowman, C. C., Ladics, G. S., et al. Safety assessment of biotechnology products for potential risk of food allergy: implications of new research[J]. Toxicological Sciences, 2009, 110(1): 31—39.

82. Sklivas, S. D. The strategic choice of managerial incentives[J]. The RAND

Journal of Economics,1987,8(3):452—458.

83. Smith, D., Riethmuller P. Consumer concerns about food safety in Australia and Japan[J].British Food Journal,2000,102(11):838—855.

84. Sparks, P., Shepherd, R., Frewer, L. J. Gene technology, food production,and public opinion: A UK study[J]. Agriculture and Human Values,1994, 11(1):19—28.

85. Starbird,S.A.Moral Hazard,Inspection Policy and Food Safety[J].America Journal of Agricultural Economics,2005,87(1):15—27.

86. Sundström, L. F., Devlin, R. H. Ecological implications of genetically modified fishes in freshwater fisheries,with a focus on salmonids[J].Freshwater Fisheries Ecology,2016:594—615.

87. Swinnen, J. F. M.,McCluskey J,Francken, N.Food safety,the media,and the information market[J].Agricultural Economics,2005,32(s1):175—188.

88. Teisl, M. O., Garner, L., Roe, B., and Vayda, M. E. Labeling genetically modifies foods:how do consumers want to see it done? [R].AgBioForum,2003, 61(1&2),48—54.

89. Tran, N.,Bailey, C.,Wilson, N.,et al.Governance of global value chains in response to food safety and certification standards:The case of shrimp from Vietnam[J].World Development,2013,45:325—336.

90. Tranter, R. B.,Bennett, R. M.,Costa, L.,et al.Consumers' willingness-to-pay for organic conversion-grade food:Evidence from five EU countries[J]. Food Policy,2009,34(3):287—294.

91. Ubilava, D. and Foster, K. Quality certification vs. product traceability: Consumer preferences for informational attributes of pork in Georgia[J].Food Policy,2009,34(4):305—310.

92. United States Department of Agriculture, United States Department of Agriculture,USDA-Food Safety and Inspection Service.Final rule on pathogen reduction and HACCP systems. 9 CFR Part 304. Fed Register, July 25, 1996, 61: 38806—38989.

93. Unnevehr,L.J.and Jensen,H.H.The economic implications of using HACCP as a food safety regulatory standard[J].Food Policy,1999,24(6):625—635.

94. Van der Gaag, M. A.,Vos, F.,Saatkamp, H. W.,et al.A state-transition simulation model for the spread of Salmonella in the pork supply chain[J].Euro-

pean Journal of Operational Research,2004,156(3):782—798.

95.Vandemoortele, T.,Deconinck, K.When are private standards more stringent than public standards? [J].American Journal of Agricultural Economics, 2014,96(1):154—171.

96. Veldman, J.,Gaalman, G.A model of strategic product quality and process improvement incentives[J].International Journal of Production Economics,2014,149:202—210.

97.Verbeke, W.,Ward, R. W.,Avermaete, T.Evaluation of publicity measures relating to the EU beef labelling system in Belgium[J].Food Policy,2002,27(4):339—353.

98.Vickrey, W.Utility,Strategy,and Social Decision Rules[J].The Quarterly Journal of Economics,1960(74):507—535.

99.Yeung, R. M. W.,Morris, J.Food safety risk:Consumer perception and purchase behaviour[J].British Food Journal,2001,103(3):170—187.

100.Yue, C,,Zhao, S.,Kuzma, J.Heterogeneous Consumer Preferences for Nanotechnology and Genetic-modification Technology in Food Products[J].Journal of Agricultural Economics,2015,66(2):308—328.

101. Zeithaml, V. A.Consumer perceptions of price, quality, and value:a means-end model and synthesis of evidence[J].The Journal of Marketing,1988,52(3):2—22.

102.陈瑞义,石恋,刘建.食品供应链安全质量管理与激励机制研究——基于结构、信息与关系质量[J].东南大学学报(哲学社会科学版),2013(4):34—40.

103.丁煌,孙文.从行政监管到社会共治:食品安全监管的体制突破——基于网络分析的视角[J].江苏行政学院学报,2014(1):109—115.

104.菲利普·希尔茨.保护公众健康:美国食品药品百年监管历程[M].北京:中国水利水电出版社,2006.

105.龚强,雷丽衡,袁燕.政策性负担、规制俘获与食品安全[J].经济研究,2015,50(8):4—15.

106.龚强,张一林,余建宇.激励、信息与食品安全规制[J].经济研究,2013(3):135—147.

107.侯守礼,顾海英.转基因食品标签制度的消费者福利效应[J].科技进步与对策,2005(5):89—91.

108.侯守礼.转基因食品是否加贴标签对消费者福利的影响[J].数量经济技术

经济研究,2005(2):64—73.

109.黄季焜,仇焕广,白军飞,Carl Pray.中国城市消费者对转基因食品的认知程度、接受程度和购买意愿[J].中国软科学,2006(2):61—67.

110.杰弗瑞.高级微观经济理论[M].上海:上海财经大学出版社,2002.

111.杰弗瑞.高级微观经济理论[M].王根蓓译.上海:上海财经大学出版社,2002:234.

112.李怀,赵万里.中国食品安全规制制度的变迁与设计[J].财经问题研究,2009(10):16—23.

113.李静.从"一元单向分段"到"多元网络协同"——中国食品安全监管机制的完善路径[J].北京理工大学学报(社会科学版),2015(7):93—97.

114.李静.我国食品安全监管的制度困境——以三鹿奶粉事件为例[J].中国行政管理,2009(10):30—33.

115.李静.中国食品安全监管制度有效性分析——基于对中国奶业监管的考察[J].武汉大学学报(哲学社会科学版),2011,64(2):88—91.

116.李想.质量的产能约束、信息不对称与大销量倾向:以食品安全为例[J].世界经济情况,2011(3):80—94.

117.李新春,陈斌.企业群体性败德行为与管制失效——对产品质量安全与监管的制度分析[J].经济研究,2013(10):98—111.

118.刘呈庆,孙曰瑶,龙文军,等.竞争、管理与规制:乳制品企业三聚氰胺污染影响因素的实证分析[J].管理世界,2009(12):67—78.

119.刘飞,孙中伟.食品安全社会共治:何以可能与何以可为[J].江海学刊,2015(3):227—233.

120.刘海燕,李秀菊.食品安全政策的逻辑——基于制度变迁的视角[J].生态经济,2009(9):61—65.

121.刘鹏.中国食品安全监管——基于体制变迁与绩效评估的实证研究[J].公共管理学报,2010(2):63—78.

122.刘亚平.中国食品监管体制:改革与挑战[J].华中师范大学学报(人文社会科学版),2009,48(4):27—36.

123.刘永胜.食品供应链安全风险防控机制研究——基于行为视角的分析[J].北京社会科学,2015(7):47—52.

124.罗丞.消费者对安全食品支付意愿的影响因素分析——基于计划行为理论框架[J].中国农村观察,2010(6):22—34.

125.马琳,顾海英.转基因食品信息、标识政策对消费者偏好影响的实验研究

[J].农业技术经济,2011(9):65-73.

126.马琳,顾海英.消费者维度的转基因食品标签政策效应分析[J].华南农业大学学报(社会科学版),2011(3):86-90.

127.齐萌.从威权管制到合作治理:我国食品安全监管模式之转型[J].河北法学,2013,31(3):52-52.

128.乔娟.基于食品质量安全的批发商认知和行为分析[J].中国流通经济,2011(1):76-80.

129.史永丽,姚金菊,任端平,等.食品安全标准法律体系研究[J].食品科学,2007,28(6):372-376.

130.王常伟,顾海英.市场 VS 政府,什么力量影响了我国菜农农药用量的选择?[J].管理世界,2013(11):50-66.

131.王常伟,顾海英.中国消费者记性差吗?——对中国消费者容忍企业食品安全问题的经济分析[J].经济与管理研究,2012,10:18.

132.王常伟,顾海英.生产主义? 后生产主义?——论新中国农业政策观念的选择与变迁[J].经济体制改革,2012(3):64-68.

133.王锋,张小栓,穆维松,傅泽田.消费者对可追溯农产品的认知和支付意愿分析[J].中国农村经济,2009(3):68-74.

134.王虎.不完备法律理论下我国食品安全治理改革——从立法完善主义到合理分配剩余执法权[J].公共管理学报,2009,6(2):37-42.

135.王青斌,金成波.论法治视野下的食品安全监管责任——基于上海"染色馒头"事件的实证分析[J].浙江学刊,2012,4:147-154.

136.王秀清,孙云峰.我国食品市场上的质量信号问题[J].中国农村经济,2002(5):27-32.

137.王耀忠.外部诱因和制度变迁:食品安全监管的制度解释[J].上海经济研究,2006(7):62-72.

138.王志刚,李腾飞.蔬菜出口产地农户对食品安全规制的认知及其农药决策行为研究[J].中国人口资源与环境,2012,22(2):164-169.

139.王志刚,吕冰.蔬菜出口产地的农药使用行为及其对农民健康的影响——来自山东省莱阳、莱州和安丘三市的调研证据[J].中国软科学,2009(11):72-80.

140.王志刚,翁燕珍,杨志刚,郑风田.食品加工企业采纳 HACCP 体系认证的有效性:来自全国 482 家食品企业的调研[J].中国软科学,2006(9):69-75.

141.王志刚、毛燕娜.城市消费者对 HACCP 认证的认知程度、接受程度、支付意愿及其影响因素分析——以北京市海淀区超市购物的消费者为研究对象[J].中国农村观察,2006(5):2—12.

142.王志刚.食品安全的认知和消费决定:关于天津市个体消费者的实证分析[J].中国农村经济,2003(4):41—48.

143.王志刚.食品安全的认知和消费决定:关于天津市个体消费者的实证分析[J].中国农村经济,2003(4):41—48.

144.文晓巍,李慧良.消费者对可追溯食品的购买与监督意愿分析——以肉鸡为例[J].中国农村经济,2012(5):41—52.

145.吴林海,徐玲玲,朱淀,等.企业可追溯体系投资意愿的主要影响因素研究:基于郑州市144家食品生产企业的案例[J].管理评论,2014,26(1):99—108.

146.吴林海,徐玲玲,王晓莉.影响消费者对可追溯食品额外价格支付意愿与支付水平的主要因素[J].中国农村经济,2010(4):77—86.

147.吴林海,朱淀,徐玲玲.果蔬业生产企业可追溯食品的生产意愿研究[J].农业技术经济,2012(10):120—127.

148.吴元元.信息基础、声誉机制与执法优化——食品安全治理的新视野[J].中国社会科学,2012(6):115—133.

149.颜海娜,聂勇浩.制度选择的逻辑——我国食品安全监管体制的演变[J].公共管理学报,2009,6(3):12—25.

150.杨秋红,吴秀敏.食品加工企业建立可追溯系统的成本收益分析[J].四川农业大学,2008(3):99—103.

151.杨小军.社会共治、捍卫食品安全[J].中国党政干部论坛,2013(7):34—34.

152.袁文艺,程启智.中国食品安全管制制度变迁的规律和走向[J].求索,2011(8):156—157.

153.张彩萍,白军飞,蒋竞.认证对消费者支付意愿的影响:以可追溯牛奶为例[J].中国农村经济,2014,8:8.

154.张蕾.关于食品质量安全经济学领域研究的文献综述[J].世界农业,2007(11):28—30.

155.赵荣,乔娟.农户参与蔬菜追溯体系行为、认知和利益变化分析——基于对寿光市可追溯蔬菜种植户的实地调研[J].中国农业大学学报,2011(3):169—177.

156.赵志君.收入分配与社会福利函数[J].数量经济技术经济研究,2011(9):61—74.

157.钟甫宁,陈希,叶锡君.转基因食品标签与消费偏好——以南京市超市食用油实际销售数据为例[J].经济学(季刊),2006(7):1311—1318.

158.周洁红,叶俊焘.我国食品安全管理中HACCP应用的现状、瓶颈与路径选择——浙江省农产品加工企业的分析[J].农业经济问题,2007(8):55—61.

159.周洁红.消费者对蔬菜安全的态度、认知和购买行为分析——基于浙江省城市和城镇消费者的调查统计[J].中国农村经济,2005(11):44—52.

160.周小梅.我国食品安全管制的供求分析[J].农业经济问题,2010(9):98—104.

161.周应恒,王二朋.中国食品安全监管:一个总体框架[J].改革,2013(4):19—28.

162.周应恒,霍丽玥,彭晓佳.食品安全:消费者态度、购买意愿及信息的影响[J].中国农村经济,2004(11):53—59.